脑力赋能

90天拥有超强记忆力

雷南燕◎著

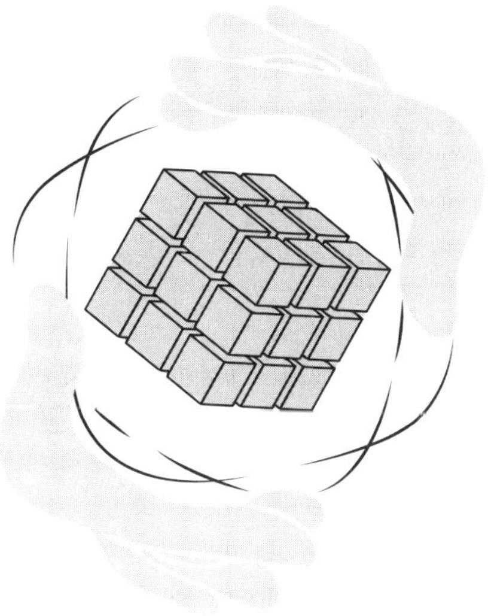

中国铁道出版社有限公司
CHINA RAILWAY PUBLISHING HOUSE CO., LTD.

图书在版编目（CIP）数据

脑力赋能:90天拥有超强记忆力/雷南燕著.—北京:中国铁道出版社有限公司，2020.11

ISBN 978-7-113-27131-2

Ⅰ.①脑… Ⅱ.①雷… Ⅲ.①记忆术-通俗读物 Ⅳ.①B842.3-49

中国版本图书馆CIP数据核字（2020）第142486号

书　　名：**脑力赋能——90天拥有超强记忆力**
NAOLI FUNENG —— 90 TIAN YONGYOU CHAOQIANG JIYILI
作　　者：雷南燕

责任编辑：巨　凤　　　　**编辑部电话**：(010)83545974
编辑助理：王伟彤
封面设计：仙　境
责任校对：焦桂荣
责任印制：赵星辰

出版发行：中国铁道出版社有限公司（100054，北京市西城区右安门西街8号）
印　　刷：北京铭成印刷有限公司
版　　次：2020年11月第1版　2020年11月第1次印刷
开　　本：700 mm×1 000 mm　1/16　**印张**：13.75　**字数**：193千
书　　号：ISBN 978-7-113-27131-2
定　　价：59.00元

前　言

1. 90 天重塑你的大脑记忆方式

很多人都听过“21 天会养成一个习惯”的说法，最初我也会去尝试并且查阅了很多相关科学文献和心理学理论，但都没有发现权威的定论。后来，在自己的习惯养成实践及众多案例中，我渐渐发现，养成的习惯不同，所需的时间长短也不同。

比如坚持每天早晨刷牙，21 天左右就可以形成这个习惯；锻炼身体则一般需要 60 天，慢慢形成锻炼的习惯；而学习和思考习惯因涉及大脑的塑造，一般需要 90 天甚至更长的时间。

我曾经尝试过用 90 天的时间改造记忆方式、重新塑造大脑的学习习惯，满 90 天时通过比赛来检测自己是否真的有所改变，结果我真的成功了。虽然当时像我这样短时间就可以重塑大脑记忆方式的人非常之少，但这并非不可实现。

后来，我培训过一个来自新疆的初二学生，他8月1日放暑假开始和我见面，9月1日回新疆上学，后来在家持续训练，同年12月中旬在新加坡取得记忆大师证书，再一次证实了90天是可以实现大脑记忆方式重塑的。

当然，并非每个人都要成为记忆大师，但**掌握正确的记忆方式和方法并加以适当的训练是非常重要的，也可以帮助自己提高学习、工作的效率。**最重要的是，当大脑记忆方式被重新塑造后，你的思维方式也会因为一次次的刻意训练发生一系列连锁变化，这便是我们训练大脑最大的意义所在。

2. 自学是最重要的成长方案

自学能力是一个人成长的基本能力，拥有好的记忆力是学习中最大的助力。在人们的简单认知中，记忆力的好与坏都是天生的，有的小朋友背古诗快，就说这个小孩子聪明，另外一个慢的则不够聪明。聪明与否似乎和记忆力的好坏有关，小孩子也过早因为记忆好坏而被贴上是否聪明的标签。标签的作用有两个：一个是快速从一群人中找出聪明和不聪明的小孩；另一个是每一个小孩都会受到强烈的心理暗示，我聪明所以我学习更轻松，我不够聪明再努力也没什么用，绝大多数人会因为标签的不同而受到影响。然而**事实上，记忆力好只是聪明的表现形式之一，也能像其他技能一样，通过正确的方法刻意练习而不断增强。**

随着脑科学的研究发展，在记忆力的潜能开发中，**我看到过不同背景、不同学识，自认为记忆力不够好、不够聪明的人都通过自学记忆、刻意训练成了他人眼中的学习标杆，甚至还有很多人登上了脑力比赛的最高舞台从而改变人生。**

在我训练记忆力之前，一直把“过目不忘”当作一种天赋，以为是那些从古至今或真实或虚构出来的天才式人物才拥有的能力。直到某次在图书馆看到一本关于提高记忆力的书籍，里面介绍了很多真实存在的普通人通过系统学习和训练，成为“过目不忘”的天才式人物。到现在我还记得当时的感受，好像突然被强光照亮，兴奋得像是发现了“武林秘籍”。

后来，我开始尝试用书中的方法训练自己记忆数字的能力，最初是记忆家人的电话号码。我用书中的方法虽然可以记下来，但感觉速度很慢。联想的过程像有一台搅拌机在搅拌我的大脑，吃力又眩晕，觉得死记硬背大脑反而更轻松，也不需要这样折磨自己。

多年后我回想那段失败的记忆经历，感觉就像没有装备、没有训练过的人突然被悬挂在半空，想拥有飞翔的自由却没有飞翔的能力，于是带着恐慌和不确信重新坠落到地面，然后安慰自己还是走路更轻松。这段经历为后来的自我训练及训练他人提供了很好的参照，不管是从心态、环境、方法、步骤还是习惯。这也是自学记忆最大的收获。

3. 步骤：掌握一套完善记忆学习程序

一套完善高效的记忆程序，能够极大提高大脑的记忆效率，记忆程序运行的次数越多，就会越熟练，逐渐成为大脑的记忆习惯。绝大多数人没有接受过系统的记忆训练，记忆任何材料都只是不断重复，重复能够帮助大脑记忆，但是耗费的时间和精力会很久。

这套记忆程序，强调的是学会观察记忆材料的特点；根据材料特点转化成易于理解、记忆或者和脑海中已有的知识相关的编码；根据大脑的记忆原理，非常擅长记忆图像，运用想象力把这些编码图像关联起来，形成生动活泼的画面；最后为了能够保证记忆材料的有序性，可以使用记忆工具（导图、宫殿）来确定记忆材料的空间顺序和逻辑顺序。注：用故事记忆法记忆时，应强调动作联结产生的图像，语言尽量简化。

记忆的材料纷繁复杂，总体归纳起来就三大类：文字类、符号类及图片类。熟练掌握这三大类材料的记忆方法是记忆任何其他资料的基本功。

本书总体分为三个阶段：

第一阶段，夯实记忆基础。即通过文字、符号及图片三类最基本的材料逐渐掌握基本的观察和编码能力，提升联结和定桩的效率。

第二阶段，记忆方法的融会贯通。同第一阶段相比，这一阶段不仅仅要注重记忆材料的准确性和顺序，还要着重分析记忆内容的重点及层次关系，需要把逻辑关系囊括进来，进而提升记忆效率。

第三阶段，实战应用。这个阶段是非常重要且必须要做的，否则前两个阶段的学习就如水上浮萍，难以发展成为自己的真正实力。

4. 习惯：让记忆程序成为大脑记忆的习惯

留意一下自己在学习、生活，工作和娱乐时大脑的记忆习惯。不要刻意提醒自己用方法记忆，而是自然按照记忆的程序来记忆身边一切需要记忆的事物。学习时，出现任何文章、单词不再死记硬背，而是运用文字类记忆程序快速记忆。生活中，比如接听电话时，需要记录一串号码，马上能够运用记忆数字的程序快速记忆到脑中；认识新朋友，可以用学过的人名头像记忆程序，把名字和本人特征快速记忆下来。工作中，各种演讲报告肯定少不了，这时候调用强大的记忆宫殿，帮助自己完美地展示出来。娱乐时，打扑克、搓麻将也可以很自然地记住你出过的牌，也可以记住别人出过的牌，一圈玩下来，脑能量消耗不可谓不大，但是不是也乐在其中吗？刀不磨不快，脑不用不灵，当记忆程序成为大脑的记忆习惯后，生活会充满更多乐趣，也更有成就感，这是非常值得期待的。

5. 学习本书的基本规则

本书是以方法 + 精进练习为核心，强调自我训练转化为自身的核心能力。书中设定好标准、路径，根据不同学习记忆的目的、不同的人群，设定不同的训练目标。

6. 重视第一阶段的基础能力训练

最基础也是最重要的第一阶段是很多记忆学习者最容易忽略或者不愿意花时间的地方。很多程序看似可以跳过，但在深入训练时就容易陷入瓶颈。第一阶段主要分为基本目标、挑战目标及大师目标。基本目标一般在了解方法的基础上稍加训练，就比较容易达到。挑战目标就是我们所说的高手水平，经过训练一般都可以达到。大师标准是以世界脑力锦标赛水平为基准，想要达到这个水平的大多是以参加比赛为目标的。目标的设定标准是根据记忆的速度、准确率及记忆量来衡量的。所以在第一阶段深入训练，很容易就能判断自己处于什么水平的人及想要达到什么样的水平。

7. 借助工具，让自己保持专注

很多人在学习和训练中都会遇到外界太多的困扰，特别是在开始阶段。当定力和专注力还不稳定时，需要借助一些工具，帮助自己主动屏蔽它们。

例如，戴上专业的防噪耳机，外面的一切声音、一切事情瞬间和你隔绝，它能为你提供一个安静专注、无人打扰的环境。

8. 根据自己的需要，选择合适的目标

记忆目标的设定，尽量和自身现在的水平及往后的需求相匹配，这点非常重要，只有这样才能持续不断地努力。

我有一个朋友，成为世界记忆大师后正赶上《最强大脑》播得火热，他的目标是希望能够登上最强大脑的舞台。为了这个目标，他全职在家训练三年，终于在世界脑力锦标赛排行上获得第六名的成绩，并两次登上最强大脑舞台。

每个人的训练目标不同，决定付出的时间和精力也就不同。当你想学习记忆，为生活提供更多便利时，只要边看书边练习，每次学习时间需要十五分钟左右即可，希望这本书能帮到你。

目　录

第一阶段　直击记忆核心，夯实记忆基础

第一阶段

直击记忆核心，夯实记忆基础

记忆能力可以通过后天刻意训练而不断增强，训练过程中有许多方法、工具需要熟练掌握。

最核心也是最基础的能力是大脑拥有清晰的图像感、丰富的想象力，能使各种具体的记忆方法、工具效率最大化。

第1章

高效图像词记忆

记忆力的关键是强大的想象能力，想象的核心就是脑中的图像。在词语记忆训练中，想象的难易程度取决于词语本身是否有具体的图像，比如老虎、狮子、桌子、湖泊、苹果、尺子等。当我们看到或听到这些词语时，脑海中就能同时出现这些词语所代表的图像，这些词一般被称为图像词。

1.1 故事记忆法

故事记忆法，顾名思义是用一个故事或多个场景把一堆没有关联性的词语整合成为一个有关联的图像故事，从而达到更加有效的记忆目的。

1. 材料

筷子	婴儿	医生	钥匙	鹦鹉	衣纽	仪器	泥巴	药酒	耳铃
鳄鱼	鸳鸯	和尚	盒子	二胡	河流	耳机	恶霸	鹅脚	森林

2. 图像

3. 故事法记忆

我拿着一双筷子夹起一个可爱的婴儿送给医生，医生当时手上拿着钥匙正准备放掉鹦鹉，鹦鹉嘴上叼着一个衣纽扔进了仪器，仪器外面裹着一层泥巴，里面装的是药酒，药酒里面竟然还泡着耳铃。我觉得很奇怪，把耳铃拿出来，戴在鳄鱼身上，鳄鱼开心地追鸳鸯，鸳鸯吓地躲在和尚的盒子里，从盒子里倒出一把二胡，二胡随着河流漂，被一个戴着耳机的恶霸捡到，恶霸咬着鹅脚开开心心跑进森林中去了。

4. 故事记忆法要点分析

（1）注重人物参与感

故事记忆法把听众设定为需要记忆的人，比如在讲解的过程中，我设定的人物是“我”，因为是“我”要记忆这组词语，所以亲身参与到这组词语的故事中印象会更加深刻。

（2）尽量有一些故事情节

不苛求整个故事都是自洽、贯通的，因为完成一个贯通完整的故事需要花费大量的时间，这与最重要的目标——快速记忆词语是相悖的。当然，如果能够达到更好。故事法记忆是在一定程度上加入故事情节，这有利于我们进行图像想象和情感调动，但是一切要以记忆效率不受影响为前提。所以从开始“我夹着婴儿给医生的故事”到“医生放鹦鹉”有好几个故事画面，都是通过一个一个的词语进行场景转换。当转换出现困难时，“我”会直接在此出场把这些故事连贯起来。比如“我觉得很奇怪”“把耳铃拿出来”“戴在鳄鱼身上”，这里就通过“我”的联结实现了快速的场景切换，也加深了记忆。

（3）脑海中要有图像

这一点很重要，小孩子一般更擅长使用故事法，因为孩子天生就会想象图像画面，所以更容易记住。还是以“我拿着一双筷子，夹起一个可爱的婴儿，送给医生”

为例，当你快速读一遍时感觉自己记住了，但这并不牢固，如果边说边想象具体画面，记忆的准确性和持久性就会有明显提高。

（4）记忆的词语要按照一定顺序

如果要记忆的知识点对顺序没有要求，可以把它们的位置快速调整，然后尽量按照调整好的顺序记忆。故事的下一步发展一定和上个事物是相关的，这和牵线头一样，只要抓住一头顺着往下走，剩下的就全在这根线上。

（5）讲故事不要受到一些固有思维的限制

故事可以是现实故事也可以是童话故事，比如“怎样用筷子夹起婴儿”“怎样把耳铃挂在鳄鱼身上”。故事既要尽量符合逻辑又能天马行空、不受约束。符合逻辑能够帮助我们更好地理解和记忆，天马行空能减少客观的阻碍，使大脑转动速度更快。再借助图像，记忆自然也就更快。

故事记忆法可以说是小孩记忆训练最好的启蒙方法。

初期训练非常简单，第一步，随机出十个简单词语，教会孩子词语的读法和相对应的图像。第二步，提醒孩子注意倾听你接下来的故事，告知故事中会依次出现这十个词语。第三步，讲解过程中，尽量配合表情和动作，提醒孩子想象故事中的图像。第四步，让孩子依次复述刚刚需要记忆的十个词语。

三岁左右的孩子如果不识字，并不影响孩子用故事法记忆词语，前提条件是父母要确保孩子了解每个词语代表的图像，比如老虎，狮子，大象，桌子，凳子，鸡蛋等。只有都认识，才会产生图像，用此方法引导训练，效果非常显著。

几乎每个训练过的孩子都可以做到 3 分钟记忆 40 组以上的词语。这就是简单、趣味又有效的故事记忆法给孩子带来的改变。

（6）故事记忆法适用范围

故事记忆法是最容易掌握，短期内见效最快的一种记忆方法，不管年龄大小，都喜欢用这个方法。训练及使用过程中能不断拓宽大脑的想象边界，使大脑更灵活。

记忆材料不管什么形式，难易程度如何，都可以通过故事记忆法来记忆，比如抽象的图片、不认识的文字或者特殊的符号等。

当需要记忆的材料内容过多时，比如长篇文章、整本书、海量的数字等，单纯使用故事法就不够，这个时候需要借助其他的方法和工具，比如联结、定桩、导图等，这个后面会继续讲解及训练。

1.2　10组词语训练讲解

1. 材料

树	鸭子	耳朵	红旗	钩子
勺子	拐杖	葫芦	球拍	棒球

2. 图像

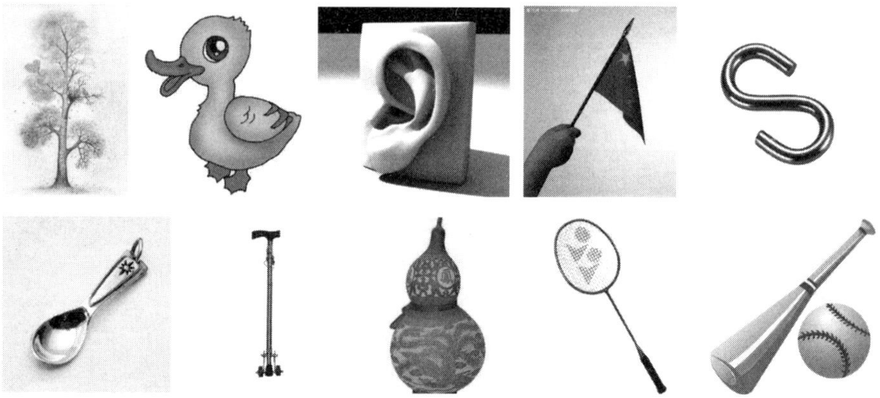

3. 故事记忆法

我站在树下，摇摇摆摆走来一只小鸭子，鸭子头上长着一个大耳朵，耳朵上插着一个小红旗，红旗上挂着个钩子，钩子不小心掉在一把勺子上，这时候一位拄着拐杖，腰间绑着葫芦的老人，要和我打羽毛球，我说没有球拍，只有棒球，老人遗憾地走开了。

4. 分析

①这组词语都是非常简单的图像词，每个词语都有实体的图像，可以参考图片中的图像进行想象，也可以选择自己生活中比较熟悉的图像。

②由于词语相对比较少、容易记忆，所以故事相对也比较简单。在故事情境中不会有太多场景的转换，但是为了记忆的生动性，词语之间的联结尽量用动词。比如：插、挂、掉、拄、绑等。

故事性记忆法对记忆的持久性要求更高，故事越符合逻辑、越完善就记得越久，两个词语之间加了很多看似不必要的情节，其目的就在于此。

5. 练习

（1）飞机、杂志、夜宵、骨头、港口、电话、团体、电器、眼睛、猕猴桃

（时间：　　）

（2）钢琴、地铁、 旅游、水母、铁块、充电器、珊瑚、街道、戒指、汤勺

（时间：　　）

（3）光盘、中秋、南瓜、牙膏、薄荷、证书、西瓜、星星、主席台、电线

（时间：　　）

（4）当铺、灯笼、镰刀、包子、虱子、袜子、草垛、机器人、汽水、四合院

（时间：　　）

（5）木瓜、背筐、梯子、木星、潜水镜、椅子、蜜蜂、唐诗、七巧板、显微镜

（时间：　　）

1.3 20组词语训练讲解

1. 材料

鲨鱼	扇子	钻石	绅士	珊瑚
山鹿	山鸡	沙发	三角尺	司令
司仪	柿子	石山	狮子	师傅
石榴	司机	石板	石球	武林

2. 图像

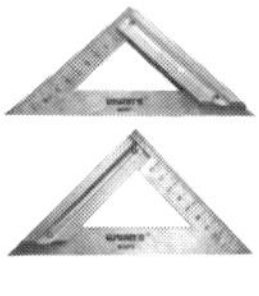

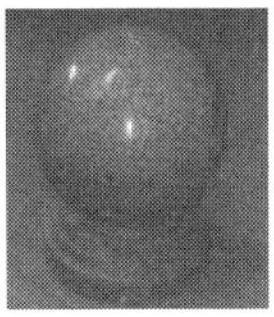

3. 故事记忆法

我趴在鲨鱼背上，拿着扇子，扇子上还镶嵌着闪闪钻石，送给了一位绅士，绅士走到珊瑚礁上，看着远处跑来了一只山鹿，山鹿嘴上咬着山鸡，山鸡挣脱蹦到沙发上，沙发上有个三角尺，这是司令用来测绘地图的，一位司仪，送来了柿子，这个柿子是从石山那块找来的，石山中有很多老虎，当时看着老虎正在追着我师父，师父就用石榴砸，司机开车来救，车上装满了石板和石球，司机原来是个武林高手。

4. 分析

①用故事法记忆 20 组词语比记忆 10 组更有挑战，当然这还是在基础范围之内。

②故事中的“我”是非常重要的黏稠剂，出现任何无法连接的地方都可以把自己放进去。

③词语中出现的一些图像词语需要具象化，就是要找到一个有这样特点或者身份的人让脑海中有具体的图像。比如“绅士”，一定要用身边的人或者某个熟悉的明星，作为你心中绅士的代名词，让他成为脑海中的图像。同样，“司令”“司仪”“武林高手”等也是如此，如果没有对应的人物，也可以在这些人物中找出特征作为替代图像进行记忆。比如绅士的拐杖、司仪的话筒、司令的枪、武林高手的剑等。不过这种方式一般是对记忆速度极高时才会用，而故事记忆法一般都会选择具体的人物，有利于故事联想的开展。

5. 练习

（1）空调、淋浴、蒲公英、绵羊、柠檬、斧头、珠穆朗玛峰、桃子、金牌、

茄子、积雨云、导游、油轮、潜水镜、哈巴狗、兔子、总理、纸飞机、竹帘、公寓

（时间：　　）

（2）康乃馨、纸袋、月饼、巴西、橡树、小鸭子、嫦娥、巴西、热气球、路障、高压锅、积雨云、橘子、洋娃娃、假牙、草帽、卫生纸、办公室、热气球、小提琴

（时间：　　）

（3）牙膏、天安门、蜗牛、生日会、铜锣、墨镜、心形、拉面、人行天桥、天牛、木瓜、地幔、砚台、老鼠、卫星、硬币、盾牌、树懒、小鸭子、仙女

（时间：　　）

1.4　30组词语训练讲解（上）

1. 材料

狐狸	孤儿	火山	护士	木屋
蜗牛	武器	苦瓜	五角星	榴梿
老鹰	驴儿	硫酸	牛屎	老虎
溜溜球	油漆	喇叭	牛角	麒麟
奇异果	企鹅	鸡蛋	骑士	积木
犀牛	机器人	西瓜	气球	巴黎

2. 图像

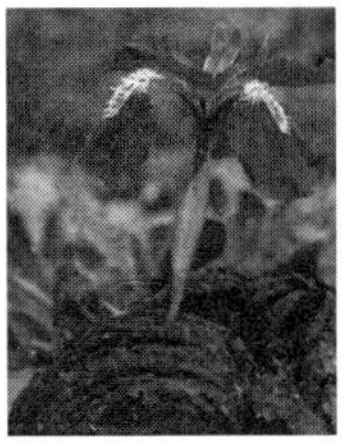

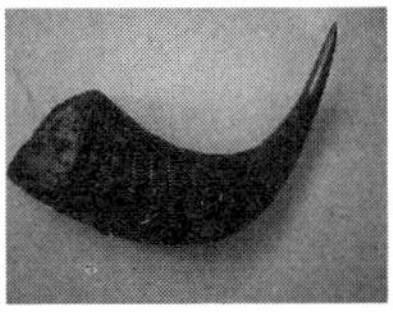

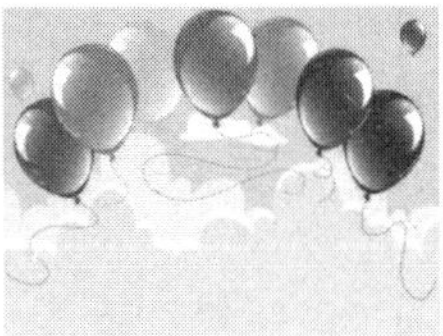

3. 故事法记忆

小狐狸变成（驮着）一个可怜的孤儿，来到火山边，看见护士急着把病人抬进木屋，木屋里有一只大蜗牛，蜗牛爬到武器上，武器射出火把，不小心烧到摆成五角星形状的榴莲，榴莲裂开，飞出一只老鹰，老鹰抓起驴儿，扔到硫酸池，硫酸池中有很多牛屎，发酵流出来，流到老虎的脚边，吓得老虎，踩着溜溜球溜走了，撞翻一瓶油漆，油漆洒在喇叭上，喇叭是牛角做的，我把牛角送给了麒麟，麒麟开心地吃奇异果，企鹅见了想用鸡蛋交换，送给威武的骑士，可惜骑士喜欢玩积木，摆好了，被犀牛给踩坏了，神气的犀牛又来和机器人决战，机器人赢了，吃了西瓜，并把多余的西瓜绑上气球，飘到巴黎铁塔去了。

4. 分析

①在开头，“狐狸”变成了“孤儿”。其实“变”这个词作为连接词是很少用到的，因为想象容易断线、没有真实的接触感容易忘记。在更高阶或对记忆速度要求更高的方法中，一般禁止学员使用“变”这个连接词。在这里使用的原因有二，其一是狐狸本身在寓言故事中有变成人的假说，所以也算是有据可依。记忆的本质就是用已知记未知，已知的东西越多记得就越快越多。其二，故事记忆法本身强调的就是故事的传奇性和趣味性。

②材料中有一个地名——巴黎，这是一个大家比较熟悉的城市，铁塔最有象征意义，所以选择它作为替代图像比较合适。记忆地名有很多方法，对于不是很有名的地名，可以用谐音法、以熟记新法和拆字联想法等。但是对于一些比较熟悉的地名，选择一个具体的替代图像有利于脑海成像，在一群材料中更容易记住。比如提到中国，有的人会想到国旗、万里长城、天安门等。

5. 练习

（1）圆木、铁铲、腰鼓、枫树、水母、香肠、豆芽、扫帚、包菜、手电筒、人行道、鲁迅、胡同、抽奖、高速公路、照片、女王、龙宫、试管、白菜、海鸥、打呼噜、龙舟、小船、篮球、蔷薇、地幔、大刀、橄榄枝、西装

（时间：　　）

（2）草帽、赛车、报纸、体操选手、阅兵、毛笔、小提琴、冰激凌、鸡蛋、拔河、葵花子、海王星、天鹅、非洲、花生油、鸭子、美人鱼、喷雾器、狐狸、京剧、冬瓜、保龄球、锅盖、牙医、航母、潜水艇、怪兽、摇篮、电暖器、胶囊

（时间：　　）

（3）喇叭、草帽、树桩、钱包、床、腊肠、海滩、蒙古包、杧果、漫画、豹子、钻台、长颈鹿、腹痛、斗笠、茶几、香港、槟榔、黑兔、云朵、爱因斯坦、银行、榕树、木偶、木棉花、白宫、大胡子、白云、面条、电梯

（时间：　　）

1.5　30 组词语训练讲解（下）

1．材料

蚂蚁	靶儿	花生	巴士	白兔
八路军	白棋	爸爸	白酒	酒瓶
球衣	足球	救生圈	教师	救护车
酒楼	酒席	酒吧	舅舅	望远镜
鱼	鹅	虾	蟹	猪
牛	小鸡	马	狗	梨

2．图像

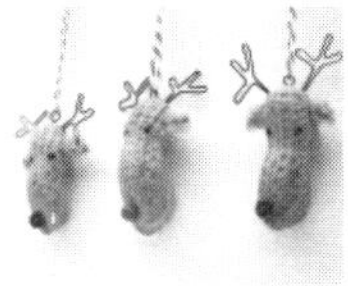

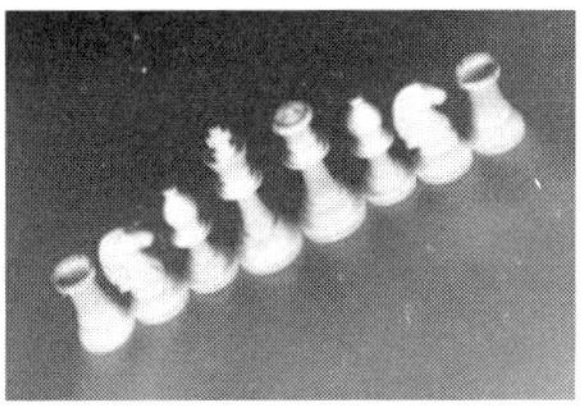

3. 故事记忆法

我看到一群蚂蚁扛起靶儿，经过了一片花生地，上了巴士，巴士上白兔在开车，车上坐满了八路军，他们在下白棋，这时上来了爸爸，带着一瓶白酒，可惜喝完了，只剩下酒瓶，我把酒瓶用球衣裹着，送给了一群踢足球的人，他们在练习把足球从救生圈的中心踢过去，不小心踢到了教师，他一下晕倒了，救护车在送他的路上，了解到原来今天是教师节，他先去酒楼，酒楼有酒席，他在酒席吃大餐，最后又去酒吧喝酒，直到他舅舅来接他回去；舅舅当时是拿着望远镜吃着梨在找他，在找寻的过程中，看到一条美人鱼，美人鱼用尾巴打了呆鹅，呆鹅生气，去吃虾，虾跳进蟹窝里，蟹用钳子夹住猪八戒，猪八戒喊牛魔王过来帮忙，牛魔王很忙，养了很多小鸡，小鸡飞上马背，冲击了狗窝。

4. 分析

①这组材料中有些词语相关性强，死记硬背容易弄混、记错，所以在故事记忆法中要尽量找出它们的不同点加以区分和联想。比如这里的“酒楼、酒席、酒吧”，酒楼是吃酒席的地方。酒吧是喝酒，要强调出不同点，脑中的图像也就迥然不同了。

②这组材料中的同类词语特别多，比如连着的十多种动物，按照顺序快速记下来不容易，用故事方法记忆其实也不容易。同类词着重的落脚点是联结词的动态特征一定要鲜明，另外因为是同类词，某些部分词语可以用其他的形象替代。比如“鱼”想到美人鱼，“猪”想到猪八戒，“牛”想到牛魔王等，这样整个故事的图像感会更加清晰。

5. 练习

（1）酸醋、国庆、电暖器、阳桃、鸭子、非洲、小偷、捉迷藏、耳环、樱桃、刷子、鱿鱼、酒瓶、花生油、药片、口罩、兔子、芹菜、山峰、打印机、硬币、奶嘴、暖气机、虾、金牌、皮带、飞碟、墨水、教室、荷花

（时间：　）

（2）水龙头、信笺、冥想、银子、小船、打火机、扑克、啄木鸟、玻璃、捉迷藏、白萝卜、电线、头巾、水库、潜水艇、袜子、太阳、树林、出口、镜子、狗屋、磁带、百合、自动售货机、牢房、三轮车、熊猫、家猫、龙鱼、喷水池

（时间：　）

（3）阳桃、扁豆、河马、狮子、葫芦、工厂、袋鼠、狐狸、X光、眼镜、玫瑰花、挂钟、兵马俑、眼睫毛、灯笼、哨子、公共汽车、石磨、土狗、电钻、圣诞树、拍手、大胡子、棉花、牯牛、柳树、埃及、衣架、救生圈、湖泊

（时间：　）

成长案例分析：3岁儿童如何5分钟记住50组左右词语

绝大多数3岁的孩子认字不多，所以很多父母、老师都不知道怎样训练孩子的记忆能力，也非常可惜错过了孩子大脑发展的黄金时期。

在一次记忆公开课上，我偶然接触到两位3岁孩童。在这之前，我很少为这么小的孩子训练记忆力。一般都要求年龄在8岁以上，因为这样可以保证孩子有基本的识字能力，更好保证孩子的记忆训练效果。

两个孩子都比较乖，端端正正地坐在第一排，当出现了满屏的词语后，我开始了演示，先和孩子们确定每个词语的图像，然后运用故事记忆法把这些词语串联起来，讲述过程中当然也有配合一些动作和表情，目的是让孩子们的右脑想象会更加活跃。在教学过程中，我留意到其中一个孩子一直目不转睛地盯着我看，好像听得懂的样子，另外一个孩子也还不错，并没有离开座位，但有时会左右看看。我讲完后，用了大概5分钟左右的时间考核了其他的大孩子，让他们根据我讲的故事，用想象的图像把刚刚需要记忆的词语按照顺序说出来。大孩子们总体效果不错，因为前期有一定的基础训练。助教老师和我说让这两个小孩也试一试，令人惊喜的是孩子们并非认识所有的词语，但是其中一个孩子把刚刚记忆的所有词语全部复述了出来。

课后，我和这个孩子的妈妈进行了沟通，这位妈妈非常好学，对记忆这块也非常感兴趣，所以一直有刻意训练孩子这方面的能力。她买了很多小卡片，每一组卡片代表的图像和词语会和孩子讲清楚，然后运用故事法把这些卡片联结起来，询问孩子刚刚出现了哪些卡片的图像。

她还会让孩子自己尝试讲故事，要把卡片里的图像放进故事中，然后让孩子自己复述刚刚出现了哪些图像。

我后来重新写了十个非常简单的词语给另外一个孩子，并配合着图片讲解（都是日常生活中常见的一些动物和物品），再次训练时，另外一个孩子也能说出大部分词语。

公开课的结果让我更加清晰地看到，经过正确方法刻意训练记忆的孩子和没有刻意训练过的孩子，在记忆、想象甚至是专注力方面的差别都是非常明显的。也非常急切地希望所有父母在孩子大脑快速成长期，能够用一些正确的方式方法来训练孩子。只要父母有耐心，方法并不难，每天半小时的刻意训练就能达到意想不到的效果。

第2章

符号记忆及训练

符号是组成大量信息的基本单位，记忆符号是记忆训练的基本功，想拥有强大的记忆能力，先从符号记忆训练开始。

数字、文字和字母本质上都是符号，当它们在一定的场景中被赋予了一定的意义，脑海中形成具体的、清晰的动态图像，大脑的记忆速度就会高效很多。

2.1 基本符号介绍

数字、文字和字母本质上都是符号，当它们在一定的场景中被赋予了一定的意义，脑海中形成具体的、清晰的动态图像，大脑的记忆速度就会高效很多。

2.1.1 汉字是基本学习媒介

汉字是象形文字，象形文字是由图画演化而来的，这是一种最原始的造字方法。慢慢，文字的图画性质减弱、象征性质增强，演化至今单从文字形状几乎很难看出其图画的意义，更多的是其象征意义。其实，象形文字本质上也是符号，汉字这个符号已经内化为我们的学习媒介，记忆任何其他的符号都需要把这些符号转化成为汉字才能够了解其意义，才能在脑海中成像。

2.1.2 数字也可以成为记忆其他材料的媒介

背诵 500 字的文章我们并不会觉得很难，但能背诵 500 位数字则会让人觉得很了不起。因为数字如果没有特定的指代意义，也就是无意义的符号，在脑海中没有办法理解和想象。很少有人会记下银行卡账号，因为数字太长且没有指代意义。能够记住国家的重大节日、身边在意人的生日、银行卡密码、门牌号等数字，一方面是因为这些有特定的指代意义，另外一方面是这些数字都是 9 位以内。

当数字也像汉字一样，每个数字或者每两个数字就有特定的图像意义，再结合数字本身具有的顺序性，就可以作为基础媒介，帮助大脑记忆其他的材料。那怎样才能让数字也拥有图像和意义呢？最重要的方法就是对数字进行编码，并熟记每个数字的编码，达到看到数字立刻就能想到图像的程度。这时就可以随心所欲地使用数字来记忆其他的材料了。

因此，第一阶段的数字编码学习是非常重要的，因为数字编码作为媒介，可以帮助我们记忆大量的材料。如果看过《最强大脑》这个记忆节目，会发现在节目中几乎所有的记忆项目借用的记忆媒介都是数字编码。比如树叶的纹路、麻将记忆、二维码记忆、钥匙记忆等，都是把它们不同的特点转码成数字编码进行存储记忆。所以不要小看数字编码的强大记忆功能，其使用潜力是极其强大的。

2.1.3　扑克是最好的记忆训练工具之一

每一张扑克都有不同的花色，这些花色就是不同的符号，每一个符号都代表不同的扑克。我们很容易记忆四张 A 有没有被打完，但如果记住一副扑克或者两副的顺序对大脑来说就是一个挑战，因为没有具体的意义和图像。很多专门训练记忆的孩子可以用 60 秒左右的时间轻松记忆一副扑克牌的顺序，方法同样是通过基本媒介进行转化。具体的记忆方法和步骤后面会详细讲解。

2.1.4　记忆英文分两个阶段

英语单词也是符号。对绝大多数以汉语为母语的中国人来说，英语单词不是我们最初认识世界、解释事物的基本媒介。所以在学习英语的最初阶段，通常是通过汉字了解英语单词的意思，从而更好地理解和想象。很多人学习英语的目的是希望使用英语能够像使用汉语一样，让其成为了解世界、与他人沟通的媒介。当英语达到一定的熟练度时，很多学习高手就会尝试转换媒介，不再用汉字来解释英语，而是用简单易懂的英语解释更复杂的英语。这其实就是媒介的转换，或者说从汉语思维转化为英语思维的过程。同时熟练掌握汉语和英语的人等于拥有两套解释世界的媒介，可以互为解释。

2.2 数字记忆

数字记忆，首先把单个和两两组合的数字进行编码转换，也有小部分记忆爱好者会把四位数字为一组转化为图像，比如将 1949 这个数字的图像转化为中国。然而运用最多、最广泛的还是单个和两个组合的数字编码方式。比如 1，象形转化为树；45，谐音可以转化为师傅等。

由于数字在学习、生活和工作中运用得非常广泛，所以很多人都会拥有一套固定的数字编码。当数字编码熟悉到一定程度时，几乎看到数字就能想到具体的图像。当反应速度几乎和看到汉字差不多时，数字就可以成为记忆其他材料的基本媒介，所以有一套非常熟悉好用的数字编码是很有必要的。

但是很多通过看书学习记忆法的人，很少花大量精力去记忆和熟悉数字编码。因此当后续其他材料使用到数字编码，但又没有掌握时就会极大影响记忆的效率和信心。在这一章里，我会通过故事记忆法讲解方法的运用，训练基本的故事联结能力和图像想象力，同时引导学习者自然地记住所有数字编码。所以，熟练掌握这一章的内容就能熟悉并记忆 110 位数字编码，现在的学习任务就是了解它们的编码方法，然后一一对应就可以了。

2.2.1 数字编码解析

0（梨）、1（树）、2（鸭子）、3（耳朵）、4（红旗）、5（钩子）、6（勺子）、7（拐杖）、8（葫芦）、9（球拍）、10（棒球）、11（筷子），22（鸳鸯）、00（望远镜）

（1）象形法

根据数字本身的图像用现实中类似的物品替代它，成为可以理解和想象的图像。

12（婴儿）、13（医生）、14（钥匙）、15（鹦鹉）、16（衣纽）、17（仪

器）、18（泥巴）、19（药酒）、20（耳铃）、21（鳄鱼）、23（和尚）、24（盒子）、25（二胡）、26（河流）、27（耳机）、28（恶霸）、29（鹅脚）、30（森林）、31（鲨鱼）、32（扇儿）、34（绅士）、35（珊瑚）、36（山鹿）、37（山鸡）、38（沙发）、39（三角尺）、40（司令）、41（司仪）、42（柿儿）、43（石山）、44（狮子）、45（师傅）、46（石榴）、47（司机）、48（石板）、49（石球）、51（狐狸）、52（孤儿）、53（火山）、54（护士）、55（木屋）、56（蜗牛）、58（火把）、59（五角星）、60（榴梿）、61（老鹰）、62（驴儿）、63（硫酸）、64（牛屎）、65（老虎）、66（溜溜球）、67（油漆）、68（喇叭）、69（牛角）、70（麒麟）、71（奇异果）、72（企鹅）、73（鸡蛋）、74（骑士）、75（积木）、76（犀牛）、77（机器人）、78（西瓜）、79（气球）、81（蚂蚁）、82（靶儿）、83（花生）、84（巴士）、85（白兔）、86（八路军）、87（白棋）、88（爸爸）、89（白酒）、90（酒瓶）、91（球衣）、92（球儿）、93（救生圈）、94（教师）、95（救护车）、99（舅舅）、01（鱼）、02（鹅）、03（虾）、04（蟹）、05（猪）、06（牛）、07（小鸡）、08（马）、09（狗）。

（2）谐音法

适用于中文学习者，如果学习者是以英语为母语，那么完全达不到谐音法记忆的目的。虽然方法有共通之处，但是具体的案例也有很多并不通用之处。

33（闪闪 - 钻石）、50（武林 - 高手）、57（武器 - 大炮）、80（巴黎 - 地铁）、96（酒楼 - 火锅）、97（酒席 - 饭碗）、98（酒吧 - 酒杯）。

（3）联想法

一般情况下，优先使用谐音或象形法。因为看到数字就可以想到编码或者读一遍就可以反应出编码，这对开始熟悉编码帮助很大。如果这两种方法都不适合，可以使用联想的方法找合适的编码。编码熟悉后，后期记忆效果一样。

2.2.2 编码调整方法

每个人的编码是不一样的，上面提供的编码只是参考并非标准答案，运用过程中可以适当地调整。比如 73，普通话谐音成鸡蛋可能不是特别贴切，这时可以用其他的谐音，比如花旗参。

一整套编码之间的图像尽量要有差异化，否则在运用过程中会因图像相似度太高发生记忆错误。调整编码的过程中要留意调整的编码是否会和其他的编码产生冲突。比如 85，白兔，如果用谐音法，应该是白虎或者白狐，但是 65 老虎，51 狐狸，已经有类似的编码。当然如果 85 联想到白兔确实经常忘记，可以根据自己的发音和想象重新联想一个新的编码。

编码调整不要太过于频繁。以前有一位学员把身边所有人的编码都收集起来，练习的过程中总觉得别人的编码更好用，所以不停地调整编码。由于短时间调整的编码过多，导致她的编码最后都乱套了，记忆水平进步也很慢。

在此，对比较难记的编码提供一些其他参考：03（领赏）、04（零食）、05（领舞）、09（猫）。

2.2.3 数字记忆训练之圆周率

圆周率是圆的周长与直径的比值，一般用希腊字母 π 表示，是一个在数学及物理学中普遍存在的数学常数（约等于 3.141592654），它是一个无理数，即无限不循环小数。

背诵圆周率的吉尼斯世界纪录是小数点后 67 890 位。记忆圆周率能很好地训练大脑的想象力和专注力，现在可以结合前面学习到的数字编码及故事联结方法，记忆圆周率。

1. 圆周率记忆训练方法讲解（1—40 位）

（1）圆周率数字

1	4	1	5	9	2	6	5	3	5
8	9	7	9	3	2	3	8	4	6
2	6	4	3	3	8	3	2	7	9
5	0	2	8	8	4	1	9	7	1

（2）圆周率数字编码

钥匙、鹦鹉、球儿、老虎、珊瑚、白酒、气球、扇儿、沙发、石榴、河流、石山、沙发、扇儿、气球、武林高手、恶霸、巴士、药酒、奇异果

（3）故事记忆法

我拿着钥匙打开鹦鹉笼子，鹦鹉飞出来，把球儿踢到老虎屁股上，老虎吓一跳，跳过珊瑚逃跑时，撞倒一瓶白酒，白酒里升起一个气球，气球下面绑着一把扇儿，扇儿掉下来砸到我家沙发上，我当时正在吃石榴，不好吃就扔进河流，河流冲击着石山，石山压烂了沙发，我赶紧顺着扇儿爬上气球，去找武林高手，武林高手当时在惩罚恶霸，因为恶霸在巴士上喝药酒，药酒里面还泡着奇异果。

（4）回忆复述

把故事中要记忆的编码回忆出来，复述时直接说出编码的数字。

（5）分析总结

根据记忆情况总结到底是故事无法回忆出，还是编码无法复述出来。如果是故事，是否某个故事点联结得不够生动活泼或者图像不够清晰。如果不够生动可以自己尝试调整，如果图像不清晰可以盯着对应的编码图片看 10 秒，然后闭上眼睛回忆编码的每个细节及动作。最后，如果觉得编码确实不好用，可以尝试调整编码。

2. 圆周率记忆训练（41—80 位）

（1）圆周率数字

6	9	3	9	9	3	7	5	1	0
5	8	2	0	9	7	4	9	4	4
5	9	2	3	0	7	8	1	6	4
0	6	2	8	6	2	0	8	9	9

（2）数字编码

牛角、三角尺、救生圈、积木、棒球、火把、耳铃、酒席、石球、狮子、五角星、和尚、小鸡、蚂蚁、牛屎、（奶）牛、恶霸、驴儿、马、舅舅

（3）故事记忆法

____

____

____

____

（4）回忆复述

复述记忆的内容。

（5）从以下三方面进行分析总结

①故事生动性。

②图像清晰度。

③编码熟练度。

3. 圆周率联结和定桩记忆方法讲解（81—160 位）

联结定桩法能够解决故事记忆法中因为数量太多、链条太长导致的记忆混乱情况。联结记忆强调两组记忆材料之间通过动作词联结，产生动态图像，

语言简洁，图像简单清晰。联结后，为了能够记住每两个图像的顺序，还需要一套非常熟练的记忆桩子帮忙回忆，这就是定桩。

故事记忆法就好比有一根线一直串联着所有的记忆材料，但是如果哪个点忘掉或者材料中有重复的内容就容易导致整根线断掉或者打结，最后全都乱掉。而联结和定桩记忆法就好像将材料按照规则绑定好放在摆好顺序的柜子里，每个柜子相互独立又有固定的顺序，记忆的数量只和柜子的多少有关，柜子越多记得越多，这就是为什么吉尼斯纪录上有人可以记忆5万多个圆周率的原因。当然如果有人舍得花时间，用这个方法记忆10万个也完全不是问题。接下来，将用具体的案例讲解联结和定桩记忆的神奇之处。

（1）圆周率（81—160位）

8	6	2	8	0	3	4	8	2	5
3	4	2	1	1	7	0	6	7	9
8	2	1	4	8	0	8	6	5	1
3	2	8	2	3	0	6	6	4	7
0	9	3	8	4	4	6	0	9	5
5	0	5	8	2	2	3	1	7	2
5	3	5	9	4	0	8	1	2	8
4	8	1	1	1	7	4	5	0	2

（2）编码转换

八路军，恶霸，虾，石板，二胡、绅士，鳄鱼，仪器，奶牛，气球，靶儿，钥匙，巴黎，八路军，狐狸，扇儿，靶儿，森林，溜溜球，司机，狗，沙发，狮子，榴梿，救护车，武林，火把，鸳鸯，鲨鱼，企鹅，火山，五角星，司令，蚂蚁，恶霸，石板，筷子，仪器，师傅，铃儿。

（3）两两联结

八路军打恶霸，虾蹦到石板上，二胡线绊倒绅士，鳄鱼咬住仪器，奶牛坐上气球，靶儿上挂着钥匙，巴黎铁塔下站着八路，狐狸扇扇子，靶儿滚进森林，溜溜球撞翻司机，狗咬沙发，狮子吃榴梿，救护车躺着武林高手，火把点着了鸳鸯，鲨鱼咬住企鹅，火山蹦出五角星，司令指挥蚂蚁，恶霸砸碎石板，筷子插进仪器，师傅摇着铃儿。

（4）熟悉一套宫殿

上图就是一套记忆桩子，也可以称为记忆宫殿。找到一个熟悉的场景，把场景中的物品摆设按一定的方位顺序进行编号、排列，闭目回忆时能够清晰快速地反应出这个场景中所有物品（桩子）排列顺序，接下来就可以以熟记新，把新的要记忆的材料和这些桩子一一结合对应，从而达到高效记忆的目的。

（5）图像定桩

八路军打恶霸发生在 1 号桩（相框），虾蹦到石板上发生在 2 号桩（书本），二胡线绊倒绅士发生在 3 号桩（窗帘），鳄鱼咬住仪器发生在 4 号桩（盆栽），奶牛坐上气球发生在 5 号桩（柜子）；靶儿挂着钥匙发生在 6 号桩（白门），巴黎铁塔下站着八路发生在 7 号桩（窗户），狐狸扇扇儿发生在 8 号桩 (沙发)，靶儿滚进森林发生在 9 号桩（小树苗），溜溜球撞翻司机发生在 10 号桩（电视）；狗咬沙发发生在 11 号桩（白色茶几），狮子吃榴梿发生在 12 号桩（黑色栅栏），救护车躺着武林高手发生在 13 号桩（白色石柱），火把点着了鸳鸯发生在 14 号桩（台阶），鲨鱼咬住企鹅发生在 15 号桩（相框）；火山蹦出五角星发生在16号桩（两门夹角处），司令指挥蚂蚁发生在17号桩（玻璃橱柜），恶霸砸碎石板发生在18号桩（吊灯），筷子插进仪器发生在19号桩（饭桌），师傅摇着铃儿发生在20号桩（花纹柜子）。

（6）闭目回忆

闭目回忆是指按照桩子的顺序把每个桩子中发生的图像回忆出来，再复述这些图像代表的数字。

（7）分析总结

①如果桩子上的图像回忆不起来，可以把在桩子上发生的图像想象得更加好玩刺激。比如八路军打恶霸，恶霸当时还跪地求饶，这些我没有写出来，但可以在脑海中加工，这样更加鲜明。随着记忆训练的增多，就算没有多余的图像，也可以记忆下来。

②桩子顺序错误，在记忆材料前最好先回忆一遍桩子的顺序和图像，如果还是出错，看看是哪个桩子容易出错，可以选择用其他的东西替换掉。

③不管是桩子上发生的图像还是桩子本身的图像不清晰，都可以看看编码图像或者桩子图片。如果没有图片，可以观察下身边的一些东西然后闭目想象，有利于脑海图像更加清晰。

④用联结和定桩的方法记忆比故事记忆法要多使用一个工具，即记忆宫殿。这就好比骑自行车（故事记忆法）要比走路（死记硬背）快点、轻松、易学；开车（联结定桩）比骑自行车（故事记忆法）要跑得快和远，没有体力的限制，只要有油（桩子）就可以一直开下去。不同的场景有不同的需求，并非某个方法一定好。没有能力买汽车的人（小小孩很难打造庞大宫殿）一般用自行车（故事记忆法）就好，一方面提高速度（记忆速度），另外还可以锻炼身体（训练大脑）。能够买得起汽车的人不一定去哪里（记什么材料）都要开车（联结和定桩），根据实际里程（材料的多少）来选择具体的工具和方法就好。

4. 圆周率记忆训练（161—300 位）

8410270193 8521105559 6446229489 5493038196

4428810975 6659334461 2847564823 3786783165

2712019091 4564856692 3460348610 4543266482

1339360726 0249141273 7245870066 0631558817

5. 目标设置

基本目标：熟练记忆小数点后 100 位圆周率；

挑战目标：强化训练，记忆圆周率 300 位及以上；

大师标准：任意数字包括圆周率，可以 40 位 /1 分钟，1000 位 /1 小时。

如果想获得更多圆周率训练材料，可以关注“超级脑力训练”公众号，回复圆周率。

2.2.4 扑克记忆讲解

扑克是记忆力训练最好用的道具。当你无聊时，就可以拿起扑克练习一下记忆力；当你长时间学习大脑已经疲惫时，可以拿出扑克调整一下大脑状态。扑克于我就是这样，刚开始学习记忆力时随身带着扑克，出差路上既没有浪费时间等待，又有一些乐趣在其中。扑克让我对记忆学习更加感兴趣，也是我持续学习和研究的乐趣之一，所以这里我手把手教大家记忆一副扑克。

1. 扑克编码解析

（1）数字编码为基础

扑克的记忆是以数字编码为基础的，数字编码记忆是以图像词记忆为基础，所以每一章节都是下一章节的基础。要边学边练习，本书才能发挥最大功效。

（2）创造新编码

扑克的编码方式有很多，当然也可以不用数字编码，重新根据扑克的特征创造一套新的编码。有人确实是这样做的，但其实是完全没有必要的。如果对数字编码已经很熟悉并且也懂得如何联想记忆，那么创造一套新的编码就需要重新记忆编码了。

（3）一一对应

现在就把每张扑克和数字编码一一对应起来。扑克一共有54张，其中大小王不用编码，本来图像就很鲜明了。在扑克记忆中我们习惯把大小王去除掉。现在剩下52张，一共有四种花色，每种花色有13张。10张数字牌，3张人物牌。

①黑桃：

♠A、♠2、♠3、♠4、♠5、♠6、♠7、♠8、♠9、♠10、J♠、Q♠、K♠；

对应的数字编码：11、12、13、14、15、16、17、18、19、51、61、71；

②红桃：

♥A、♥2、♥3、♥4、♥5、♥6、♥7、♥8、♥9、♥10、J♥、Q♥、K♥；

对应的数字编码：21、22、23、24、25、26、27、28、29、30、52、62、72；

③梅花：

♣A、♣2、♣3、♣4、♣5、♣6、♣7、♣8、♣9、♣10、J♣、Q♣、K♣；

对应的数字编码：31、32、33、34、35、36、37、38、39、40、53、63、73；

④方块：

◇A、◇2、◇3、◇4、◇5、◇6、◇7、◇8、◇9、◇10、J◇、Q◇、K◇；

对应的数字编码：41、42、43、44、45、46、47、48、49、50、54、64、74；

（4）对任何材料进行编码记忆

不管形状、谐音还是任何其他方面一定要尽可能找到和编码的相似之处，这样可以减少编码的回忆时间。通过上面的扑克编码可以发现规律，黑桃上一个尖，代表数字“1”；红桃两瓣，代表数字“2”；梅花三瓣，代表数字“3”；方块四边，代表数字“4”；J 像数字 5 的下半部分；Q 像数字 6 的下半部分；k 像数字 7。

2. 随机扑克记忆（打乱一副扑克）

♣3、♣4、♠7、♠8、♠5、♠6、♣5、♣6、◇ 9、♣8、J ◇、Q ◇、K♠；

♥A、♥2、◇ A、◇ 2、♥5、♠2、♠3、♠4、◇ 10、♠1、Q♣、Q♥、K♥；

K♣、♣2、♥7、◇ 6、◇ 7、♥10、♣7、k ◇、♠9、♣10、J♣、J♥、♣A；

♥3、♥4、◇ 3、◇ 4、◇ 5、♥8、♥9、◇ 8、◇ 9、♥6、♣9、J♠、Q♠。

3. 扑克编码（对应打乱扑克编码）

钻石、绅士、仪器、泥巴、鹦鹉、衣纽、珊瑚、山鹿、石球、沙发、护士、牛屎、奇异；

鳄鱼、鸳鸯、司仪、柿儿、二胡、婴儿、医生、钥匙、司令、筷子、硫酸、驴儿、企鹅；

鸡蛋、扇儿、耳机、石榴、司机、耳铃、山鸡、骑士、药酒、森林、火山、孤儿、鲨鱼；

和尚、盒子、石山、狮子、师傅、恶霸、鹅脚、石板、石球、河流、三角、狐狸、老鹰。

4. 扑克记忆

一副扑克的记忆数量适中，所以可以选择两种方法，一种故事记忆法，还有一种是联结定桩的方法。儿童（12 岁以内）一般喜欢用故事法记忆，一方面是因为孩子故事联想能力强，不会受到太多条条框框的限制，大脑思路也非常活跃，另一方面孩子很少愿意去找桩子，他们觉得比较麻烦。其实就是把52组图像词在不同的顺序下快速联结成一个整体拥有图像的故事，多次训练后很多孩子可以在30秒甚至10秒左右记忆下来。如果能够达到这个速度，孩子的图像记忆能力和大脑反应速度就有了质的飞跃，一般专注力会非常好。

（1）故事记忆法

我从手上拿下一个大钻石，扔给了虚伪的绅士，绅士放进仪器测试真伪，结果化成了泥巴，突然从泥巴中飞出一只鹦鹉，鹦鹉嘴上含着衣纽，衣纽掉进了珊瑚中，珊瑚里跑出了一只山鹿，山鹿推着压烂的沙发，沙发上坐着一名护士，护士正在用牛屎包住奇异果，喂给鳄鱼吃，鳄鱼驮着一对鸳鸯，鸳鸯请来司仪，司仪手上拿着柿儿，送给了一个拉二胡的人，拉二胡的人怀里抱着婴儿，婴儿这时被医生抱走了，在路上遇见司令，司令正用筷子夹着硫酸，倒进驴儿窝里，驴儿吓得逃跑撞翻了企鹅，企鹅很生气用鸡蛋砸它，结果砸到一个手上拿着扇子，头上戴着耳机，嘴里吃着石榴的司机，司机低头一看，在路上又发现一对耳铃，他把耳铃，挂在山鸡头上，飞上骑士的肩膀，骑士喝着药酒，跑进森林，森林里火山在爆发，火山中喷出一个孤儿，孤儿掉到海里被鲨鱼救起来，送到和尚手里，和尚用盒子装着走进石山之中，石山中有狮子，正在追赶着师傅，师傅感化了恶霸，恶霸开心吃鹅脚，然后左肩扛起石板，右肩扛起石球，扔到河流中，河流中飘着一把大的三角尺，三角尺上面坐着幸灾乐祸的狐狸，可惜没高兴多久就飞来一只老鹰，把它叼走了。

分析总结：

①不同的顺序可以将一副扑克变换出千万个不同的故事和场景，这就是故事法记忆的乐趣，并且永远能够峰回路转找到合适的转折。因为想象不受限制，训练越多变幻越轻松有趣，所以很多人都会用故事记忆法来记忆一副扑克。

②一副扑克不多不少共52组词语，并且没有重复，这52组词语是从数字编码中转化过来的，而数字编码一般都是以图像词为主，所以是对图像词很

好的训练。

③如果是两副扑克、三副甚至更多，用故事法来记忆时故事中就会出现很多重复的场景，重复场景只是在一条线上就很容易出现时间错乱。比如看电视时，不断看到出现过的内容就容易把情节顺序记混了。所以更多的扑克、数字或者材料则需要运用其他方法和工具。

（2）联结定桩法

钻石戴在绅士手指上（1号抱枕），仪器倒出泥巴（2号红色窗帘），鹦鹉叼着衣纽（3号锥形体），珊瑚上挂着山鹿（4号花盆）石球压着沙发（5号马模型），护士玩牛屎（6号相框），奇异果塞进鳄鱼嘴里（7号小音箱），鸳鸯围住司仪（8号电视机），柿儿砸在二胡上（9号茶壶），婴儿抱着医生大腿（10号空柜），钥匙挂在司令腰间（11号盆栽），筷子搅拌硫酸（12号双玻璃球），驴儿驮着企鹅（13号大奖杯），鸡蛋砸在扇儿上（14号蓝色窗帘），耳机捆住石榴（15号壁画），司机带着耳铃（16号高脚桌），山鸡飞到骑士头上（17号躺椅），药酒倒进森林（18号长凳），火山喷出孤儿（19号大壁画），鲨鱼咬住和尚（20号天花板灯），盒子盖住石山（21号台灯），狮子扑倒师傅（22号沙发），恶霸吃鹅脚（23号大白花），石板压住石球（24号书本），河流冲走三角尺（25号黑色桌子），狐狸拖住老鹰（26号地毯）。

分析总结：

①一定要熟悉地点桩的位置顺序。找地点桩时优选熟悉的地方，比如自己家、亲戚朋友家、经常去的学校、图书馆甚至常常走的路，只要闭目能够想起它们的方位和图像就可以拿来运用。如果不熟悉就回忆三遍，大脑对于这样的图像记忆是非常擅长的。当然也有些特殊技能爱好的人，比如喜欢打游戏，在游戏的空间中只要场景是固定的，闭目就能想起所有的摆设，那么用来作为记忆的桩子也是可以的。

②两两联结时主要以动作为主，动作能够让脑中图像动起来。当然随着水平的提高慢慢就不需要刻意强调动作画面，而是会慢慢习惯静态画面，因为这样更省时间。比如你站在上图的客厅正中间环顾四周，从开始的动态画面慢慢成为静态图像，也可以全部记忆下来，这就是脑中记忆能力提升的过程。

③初学者可以尽量把两者图像联结得更生动有趣，甚至在地点桩上留下印记。“2 号红色窗帘，我把仪器里的泥巴倒在红色窗帘上”，地点桩上留下前面两者联结时产生的印记，当想起第二个桩子红色窗帘时就会想到上面的泥巴，泥巴是仪器中倒出来的。所以在桩子上留下印记是不错的方法。

④编码可以分有生命编码和非生命编码。比如 45 师傅、34 绅士、23 和尚及一些动物比如 65 老虎、44 狮子、56 蜗牛等都是有生命的编码，当有生命的编码在前，对非生命编码发起动作联结时，动作的发起方一般只需要根据编码本身的动作特点进行快速联结即可。当非生命编码（比如 46 石榴，48 石板、78 西瓜等）在前对生命编码发起动作联结时，可以把“我”加入这个动作的场景中。比如石榴的动作是“砸”另外一个物品，出现的效果是石榴籽四处散开的画面。这个“砸”动作的发起方就是“我”，提升记忆的参与感、现场感，记忆会更加清晰生动。比如：1 号桩整体的脑海图像是这样：“我把钻石戴在绅士手指上，绅士当时抱着抱枕。”钻石是非生命编码，怎样能更生动地表现出戴在绅士手上？这样的情况，就要“我”出现在这个场景中，能提高记忆场

景的参与感，有利于记忆效率的提升。

⑤想要达到更高目标的记忆学习者可以尝试慢慢固定一些图像词的动作，这样可以在记忆过程中不用过多地想新的画面和动作。我的扑克记忆进步最快的一次是从 5 分钟提速到 2 分 06 秒，最重要的一项工作是把所有的扑克图像动作固定，所以速度几乎在不到两天时间翻倍了。什么叫固定动作？比如，鸡蛋，动作是“砸”，后面不过碰到什么东西，都是砸的动作，产生的图像，比如鸡蛋砸在鳄鱼头上，鸡蛋砸在恶霸脸上等。

⑥动作固定只是针对相对固定的材料做优化，为了提升速度，推而广之。在后期的自我学习中，也可以慢慢形成一套自己固定的记忆体系。

5. 练习要点

（1）故事记忆法

①准备一副打乱顺序的扑克，一个秒表；

②记忆后，闭目回忆所有图像；

③复述时，直接说出对应扑克。

（2）联结定桩记忆法

①准备两副扑克、一个秒表；

②记忆过程后先闭目回忆，再拿出另外一副牌把脑海中记住的扑克顺序复原出来；

③及时分析总结，从记忆的时间、图像、动作、编码及桩子。

如果对编码、联结和桩子都不熟，方法对了速度也不会有太大提升。因此，要适时调整心态，扑克只是记忆训练的工具，慢慢找到其中的乐趣，不要当成任务，否则很难持续。

6. 目标设置

①基本目标：5 分钟记忆一副扑克；

②挑战目标：3 分钟记忆一副扑克；

③大师标准：90 秒内记忆一副扑克，10 副扑克 / 小时。

成长案例分析：“老师，我可不可以 10 秒记忆一副扑克？”

扑克是记忆训练的最佳工具。它具有趣味性，训练大脑的同时，又能增添一项才艺，因此特别受小孩的喜爱。我有一个学生，读小学五年级，他特别喜欢记忆扑克，我问他为什么这么喜欢用扑克训练记忆，他说要在班上表演，让同学们都羡慕。

这个孩子的兴趣来源于《最强大脑》节目里的扑克记忆的项目，偶然的机会就跟着我学习了。

在学习记忆之前，我和他父母沟通过孩子在校的学习以及专注力的情况。孩子比较调皮，学习成绩很一般，平时灵活好动，属于比较难管教的孩子，父母给他安排了很多课程，他都不感兴趣，做事也是三分钟热度。

了解到这样的情况后我也犯难，三分钟热度可学不好任何技能，更何况是脑力训练。我后来和小孩沟通时，问他那么喜欢记忆扑克，希望自己能达到什么样的成绩？他问我记忆最快的人是多少秒？我说十秒多点。听完，他沉默了一会儿说：“老师，我有没有可能十秒记住一副扑克？”我说当然可以，但是要约法三章：第一，要听从老师的训练安排；第二，每天要有固定的训练时间；第三，要拥有坚定的信念和必胜的勇气，不轻言放弃。做到这几点，不仅仅可以十秒记住一副扑克，你还可以用此方法记忆更多学习上的知识呢。

初期阶段，我教会了孩子基本的扑克编码，并且训练好推牌手法。在记忆方法上只教最基本的故事法记忆扑克。在熟练掌握的扑克编码后，孩子的进步非常快，先从十张扑克开始记忆，很轻松就记忆下来了。连续三遍都能一分钟准确快速记忆 10 张扑克后，就进入到 20 张扑克，两分钟能够连续三遍记忆正确，就进入 30 张扑克，以此类推。一个学期的时间，每天在家练习 30 分钟左右，有时周末会找我来考核成绩，大概最后稳定的成绩是 20 秒左右。

半年后，孩子父母和我发信息说，孩子有 1 次 10 秒左右记对了所有的牌，而且孩子训练扑克后专注力和记忆力方面有了很大的改善，他们很欣慰，但又有点隐隐的担心，因为他们觉得扑克不是什么好的益智玩具，另外别的孩子都学习记忆词语、文章、单词，而他就只是训练记忆扑克，总觉得孩子学的不够。但是我发现他的词语记忆和数字记忆能力并不比其他孩子差，甚至更快。专注力也比之前好不少，至少在记忆扑克时，他的状态是极其专注的。上次他还说，在同学面前表演扑克记忆，大家都叫他最强大脑呢。

在训练这个孩子的过程中，为什么最后能够获得成功呢？首先，他父母说孩子学习东西容易三分钟热度，所以我在给孩子制定训练计划激发兴趣时，特别强调让孩子在短时间内看到自己的成长。比如快速记忆十张扑克，然后慢慢增加难度，引起孩子的兴趣和好胜心。其次，在选择方法上，我没有在一开始就教孩子运用联结和定桩的方式记忆，一方面是因为这种方法需要找宫殿，复杂麻烦，另一方面孩子容易产生畏难情绪，导致做事三分钟热度。再次，获得外在环境的积极反馈，孩子会刻意在同学、亲人面前不断展示自己的记忆成果，也获得了他们的羡慕和好感，这是孩子能够持续训练的动力。最后，当然是父母的支持和耐心。孩子的成长教育是急不来的。很多父母存在认识误区，他们认为把孩子的时间填满，多报几个兴趣班，孩子就能学好一两个，其实这是错误的。精挑一两个孩子感兴趣的，再和孩子立好规矩，慢慢引导，适时反馈，才能出成效。

第3章

抽象词及混合词记忆

符号是组成大量信息的基本单位，记忆符号是记忆训练的基本功，所以想拥有强大的记忆能力，先从符号记忆的训练开始。

数字、文字和字母本质上都是符号，当它们在一定的场景中被赋予了一定的意义，脑海中形成具体的、清晰的动态图像，大脑的记忆速度就会高效很多。

3.1 抽象词

抽象是从众多的事物中抽取出共同的、本质性的特征或者对一些事情综合比对出来的概念。

例如老虎、狮子、狐狸、大象、猴子等，它们共同的特性是大自然中有生命力、能自主移动的生物，我们统称为动物。得出动物概念的过程就是一个抽象的过程。

抽象的过程其实也是复杂事物简单化、概念化的过程，它是不具体的，笼统的，因为无形而无法看见，所以当我们看到某个抽象词时，不可能像图像词一样，只想到某个具体的图像，而是有多个不同的事物或状态的某个特征或几个特征的集合体，这也为我们记忆抽象词提供了不同的想象空间和角度。比如信心，心理学解释为：信心是指对行为必定成功的信念。信心的表现构成包括对行动实现难度的外在认知、情绪和外在意识三个方面的构成要素。有时激增信心中的任何一个表现要素，都会引发另外两个要素的相应反应，这也就是外在认知、情绪和外在意识这三个要素的协调一致性。

所以如何在脑海中对“信心”二字有具体的图像，可以从较高的认知水平、较好的情绪控制能力及对外在环境的回应上等不同方面想象一个具体的图像。这个图像可以是想象自己也可以想象身边人所表现出来的有信心时的状态。这是在后续的文章记忆中经常要使用的基本方法。

如果遇到没有上下文场景，单个记忆信息、抽象概念不理解，或者理解后不能形成具体的图像时，可以借助很多的方法转化为熟悉的其他图像，协助记忆。比如“抽象”这两个字，虽然理解其意义，但是要想象一个具体的图像还是有点困难，这时，可以运用望文生义、谐音、增减倒字等方法，使其具象化，比如想象成：“抽大象”这个具体图像，就能容易记住，但是对其本身概念，我们是理解的。

抽象词转化方法的学习及训练

1. 谐音法

所谓谐音法，是指通过语音这一途径，将抽象词转化成读音相同或相似的具象词的图像。谐音是记忆的窍门，经过谐音处理，枯燥艰涩的词语会变得诙谐幽默、便于记忆。谐音法有增字谐音、减字谐音、倒置谐音、改声母、改韵母、改声调等技巧。比如前面所学的数字编码绝大多数是根据数字的读音，谐音出对应的图像词。

元旦——圆蛋

悲剧——杯具

什么——神马

介质——戒指

经济——金鸡

贸易——毛衣

义务——衣物、姨父

荒凉——黄粮、皇粮、黄粱

伟大——唯他命（增字谐音法）

经济——金鸡、经济书

工业——工业园（增字谐音法）

发扬——放羊娃、花秧

精彩——金钗、钦差

影响——音箱、《影响力》（书名）

历史——历史书、荔枝、力士

简单——煎蛋、金蛋

祈使——骑士、鸡屎

概率——钙铝、乖女

特别——铁饼

完全——弯泉、帆船

趋势——厨师

理解——利剑、李姐

含义——韩衣、寒衣

忽视——护士、虎狮

练习：

天性、科学、和谐、和平、人文、欣赏、创造、灵活、尊严

____

自尊、高贵、礼貌、谦卑、无辜、清白、威望、迷惘、名望

____

危险、威胁、吸引、名声、名誉、模样、母语、牧业、正在

____

2. 代替法

是指使用与原有词汇紧密相关的图像来代表原有词汇的方法，把抽象转化为具体物像。

信用——信用卡

爱情——钻石

泰国——人妖

时间——手表

北京——天安门

历史——秦始皇

革命者——刘胡兰、刘三姐

聪明伶俐——一休哥、黄蓉

广阔——海洋、天空、草原、沙漠

糊涂——爷爷、周伯通

难题——奥数、科学家

统一——台湾、方便面

希望——眼睛、希望小学、田野

未卜先知——诸葛亮、巫婆、水晶球

花天酒地——唐伯虎、洞房

唐朝——李白

美丽——西施、杨贵妃

无须——太监、和尚、女人、小孩

蹊跷——狄仁杰、侦探小说

夸张——卓别林

光明——光明顶、太阳、电灯

黑暗——地狱、瞎子阿炳

欢乐——欢乐谷、欢乐豆

局限——牢房、铁笼、房间、教室

已经——挂历、闹钟、恐龙

包容——大海、母亲、宰相

水果——西瓜

思想——大脑

科学——爱因斯坦

道德——老子

远见——望远镜

政治——政治书

练习：

参考上面的案例，把下面词语所能联想的具体图像写在横线上。

生化、生根、升华、精神、聪明、快乐、在乎、奋斗、希望

____

重要、难过、生活、天堂、概念、幻想、唤醒、渴望、刻意

____

刑法、理论、积累、克隆、克拉、颗粒、媒介、魅力、固体

____

净化、精髓、估价、单元、理性、离子、力学、粒子、固话

____

3.2 混合词

混合词，简单来说就是不同词性的词语组合。比如名词、动词、形容词、副词及介词等，这些词语是组合一段话或者一本书的基本材料。

前面已经系统训练过图像词，图像词以名词为主，动词不管是在故事记

忆法中还是在联结定桩法中都能起到非常重要的黏合作用，动词的联结会产生动态的画面，有助于图像词的记忆，图像词是动作的发出方和承受方，这是记忆的重点。

图像词的记忆和训练很好地训练了大脑的想象力和专注力，是进一步训练混合词的基础。混合词的记忆和训练为后面进一步快速记忆一句话、一段话、一篇文章甚至一本书打下基础。

混合词记忆的基础方法是联想，但是针对不同的材料会选择不同的工具。最基本的方法还是找到关键词，要根据材料的多少决定使用故事记忆法还是联结定桩记忆法。

第 4 章

刻意练习的提高技巧

很多人都听说过“一万小时天才定律”，然而它只说明成为天才的其中一个变量，就是时间的堆积，对更多的变量却没有说明。这也是为什么身边经常出现训练两年的人可能还没有训练三个月的人成绩好，这肯定和时间没有关系，而是在这个等量的时间训练中，是否做到刻意练习。刻意练习包括很多方面，比如心态的调整、目标的设置、及时的反馈和总结、方案的调整等。运用刻意练习中这些技巧，才能够在最短的时间获得最好的记忆训练效果。

脑力训练和单纯肌肉的重复训练是不完全一样的，脑力训练除了需要一定的时间，和像肌肉一样单纯的重复，量的积累，更重要的是运用刻意练习中的技巧，不断精进，才能更快地达到成功的彼岸。

如果在刻意练习中遇到训练瓶颈，需要我们不断调整细节和方法，从而达到在短时间内的快速突破。

刻意练习涉及的内容非常多，这一章重点针对本阶段的训练材料提供技巧和方法，进一步夯实基础材料的记忆水平，为下一阶段或后续的灵活运用打下扎实基础。

本节首先要解决的难题是如何短时间内记住 110 个数字编码，这是很多初学者的拦路虎。其实这并不难，我们在学习一些技巧和方法后就能提高效率从而增加信心，让自己能更快看到成功的曙光。

数字编码可以通过以下几种方法来记忆：第一，编码串联法；第二，使用“象形法”，即根据数字的外形联想一个具体的物体图像，比如数字 6 像勺子第三，使用“谐音法”，由于南北方口音差别比较大，而绝大多数编码都是根据普通话来编写的，因此，如果实在不能理解可以自己进行调整；第四，“联想法”，即一个对你有特殊意义的数字或者是生日、门牌号等非常个人化的符号；第五，“漏斗法”，要抓住不熟悉、反应速度较慢的重点突破，可以用反复看图片或者简笔画的方法把这些编码短时间快速熟悉起来。

记忆编码时最好能够默读。因为绝大多数编码都是谐音方式转化的。当你默读时，脑海中要有对应的编码图像。因此，一套编码、一套图片是非常必要的，在后续的记忆中编码图片不可或缺。

4.1 把零碎的时间用起来

人的意志力其实也像肌肉一样，短时间重复消耗会疲劳损伤，所以合理安排时间、了解大脑运行机制非常重要。开始的编码记忆是枯燥的，很多人很难抽出整段时间进行突击记忆，并且这样的记忆效果对意志力的消耗是很大的，可持续性不强。

有的人晚上失眠，迟迟无法入睡，那不妨数编码来促进睡眠，数编码和数羊类似，在这个过程中状态平静、单纯又专注，很容易入睡，记忆效果也会非常好。第二天早上醒来很多人会赖床几分钟，这个时候大脑是混沌的、半睡半醒的，可以慢慢数编码，图像会越来越清晰。这个方法一方面可以提升编码图像记忆能力，还可以缩短赖床时间。很多训练记忆的人都会使用此方法，效果非常不错。

4.2 脑中图像清晰化

成年人很少刻意通过图像的方式去想事情、记东西，所以突然要改变思考方式，短时间很难适应。但这并不代表成年人不适合这个方法训练大脑，反而说明更加需要这样的锻炼让大脑活跃起来。数字编码是我们训练记忆的基础，每个编码都有具体的图片，运用好这些图片是提高图像清晰度的决窍。

图像清晰度的状态不是恒定的，它会根据你的训练量、身体状态和时间段等各方面因素发生变化。一般情况下，上午的状态会比下午好，空气流通、精力充沛会比封闭的环境、疲惫的状态要好，所以很多记忆学习者也会在固定的时间训练。

图片清晰度和训练量的关系比较复杂。总体的趋势是训练量越多脑中图像就越清晰，但是中间会出现起伏情况。起伏的最大原因是太长时间陷入想象中的记忆而没有实际看图，导致图像的清晰程度跟不上后来的记忆速度，也就越来越模糊了。

我曾经遇到过这个问题，感觉训练速度提升，但脑中的图像却不够清晰。后来有机会和一位打破世界记忆记录的高手沟通，他说每次记忆前都要先看着图片再闭眼想象图片，当正式训练时图像就会越来越清晰。长此以往，图像清晰度就能一直保持。记忆宫殿也是一样，很多人用久了就模糊了宫殿中的具体物品图像，这时候可以把宫殿图片拿出来看一看，脑海中的宫殿图像就好像打开了一盏灯似的，物品图像一下子就清晰起来。

所以在选择最佳的时间、适当的锻炼前提下，需要多看真实的图片，把现实和虚拟多多结合再闭目想象，当然也可以用黄卡或者曼陀罗卡这些颜色特别清晰、对比强烈的卡片进行训练，这样能拥有像照相机一样高清晰的图像想象力。

4.3 正确认识及合理运用意志力

很多人都说要磨炼意志，感觉越是长时间训练越是能够提升意志力，其实很多有深入学习和训练并且取得不错成绩的人都能意识到，不能过度消耗意志力。

什么情况是消耗意志力的表现呢？我记忆项目中最差的一项是听记，因为从来没有刻意训练过，都是平时休息或者买菜做饭时边听边记。这种方式看似是在节约时间，效果却非常不好，潜意识中觉得自己在努力，实际收获甚微。

对此，我的解决方案是休息时就好好的休息，训练时就认真训练，这是最好的训练和学习方式。既不会感觉自己一直处于训练状态，又可以很好切换大脑状态。

最佳的休息状态是身体坐直、手自然放下，放轻音乐闭目冥想大约 15 分钟，再起身走几圈，这个比睡觉的效果要好。

最不好的休息方式是看手机，手机在身边不仅仅占用时间，丰富的视频和外在信息还会大大模糊我们脑中的既定目标。

怎样提升意志力呢？第一种方法是读一些自己感兴趣的图书；第二种方法是把平时看到的一些对自己触动很大的文章保留下来，经常翻看；第三种方法是视觉化地呈现自己的目标和成绩，比如抬头就可以看到的一堵墙，在那里贴上一些自己的目标和训练感想，这些都是意志力的加油站。

对自己的意志力要有正确的认识，任何时候都不要放弃那颗想要变得更好的心。追求成功的过程会受到很多事情的干扰，比如家事、朋友的邀请、电视剧的诱惑等。一旦我们打破自己的节奏就会陷入一种焦虑，给自己提供不去训练和学习的借口，这其实也并不可怕，因为符合人性。但是成功者之所以能成功的重要原因是在意识到问题后能迅速调整自己的状态，并且不会放弃自己的目标。

4.4 固定一套编码动作

最初阶段的编码，图像和联结还是基本功，就好比练武之人扎马步、画画之人画线条，看似简单其实却是最难的。直到编码熟悉度、图像清晰度以及联结的灵活度训练达到及格的水平后，记忆就可以提速了。

怎样判断自己的基础是否扎实呢？多次重复计算记忆的准确率，单位时间内连续三次及以上记忆完全正确，就可以进入下个时间单位的冲刺和训练。

根据我的训练和培训经验，大概 5 分钟记忆一副扑克和 120 个数字的水平就可以根据之前的联结动作经验，逐渐确定所有的编码动作。因为每一次训练过程中每个编码都会遇到不同的对象，根据不同的对象会有不同的动作反应。通过这些联结反应找到自己使用频率最高的动作记录下来，给每个编码找到固定的动作，不管碰到任何其他编码，都是这样的联结反应就可以大大缩短联结时间。图像的聚焦点也是在产生联结变化的那个点上，看得范围更小、动态更清晰、记忆会更准确。

产生联结的方式是以前者发出动作，作用在后者身上而产生的动态图像。比如：65（老虎）的经典动作是咬住，所以不管遇到任何东西，快速反应的图像是老虎咬住了后者最有特点的地方（特点清晰，有利于脑中图像更加清晰准确），后者如果是 32（扇儿），老虎咬住了扇儿的叶片，脑中图像要聚焦在老虎的嘴巴和扇儿叶片那块地方，达到清晰、准确、快速记忆的目的。

还有一种比较特殊的联结方式，这种联结方式非常的高效，可以作为动作联结的很好的补充。72（企鹅），可以选择动作联结后者，比如用“啄”、“跳”等动作和后者产生动态联结，也可以根据企鹅生活在寒冷地方的特性，企鹅和后者联结时，都是直接结冰，被冻住的状态，这样的好处是，在脑海中的图像更加简洁，只需要看到后者被冻住，就知道前者是企鹅，而不是其他东西，并且图像是不需要出现企鹅的。7244（企鹅和狮子），脑中的图像是一只被冻住结冰的狮子，图像相比用动作联结，更加的简洁高效。

65（老虎）的特有动作是咬，所以不管遇到任何有生命或者没有生命的物品，快速反应的图像是 65 咬住了最有特点的地方，比如 65 和 32（扇儿），老虎咬住扇子，脑海中的图像重点是老虎的嘴巴咬住扇子叶片那块地方。

固定编码动作主要有以下特点：

①所有的编码动作都需要尽量差异化，尽量让每个编码的动作结合其本身特色。不要和其他编码动作重复，否则当速度越来越快时，容易产生混乱，速度慢时影响不大。

②编码之间的动作有的会有具体的联结点，比如老虎会咬住扇儿。有的能让第二者产生固定的反应，比如企鹅和狮子。在我个人的使用中，第二者直接产生固定反应是最好用的，因为只出现一个图像，观察范围减少，注意点就会更集中。但是这样的编码不宜太多，否则容易混乱。

③固定编码动作适合一些对记忆速度要求极高的学习者，比如参赛或者个人兴趣爱好等。如果仅仅是为了达到学习、生活及工作上的运用，只需要按照前几章的方式逐步训练即可。

④比较小的孩子训练可以不用固定编码，因为孩子的图像非常清晰，想象力丰富不喜欢受到太多的束缚。小孩的专注度是在时长上，成人的专注度是在当下的情景中，两者是有区别的。

如下表，高效记忆编码时，编码在脑海中的图像、感觉及状态，同时也提供了各个编码图像联结动作，为记忆学习者提供了很好的参考。

数字	编码	编码方式	编码观察与观想						联结动作
			视觉	听觉	嗅觉	味觉	触觉	内心感觉	
01	树	象形	绿色、枝繁叶茂、树干粗壮笔直	风吹动树叶的哗哗声	清新青草泥土气味		粗糙的树皮	旺盛的生命力	树长大托起编码 2，或者编码 2 像树一样长高长大
02	鸭子 唐老鸭	象形	白色的羽毛、黄色的鸭嘴和脚蹼、红色的领结、蓝色的帽子和衣服	清脆悦耳的嘎嘎声	鸭子身上的土腥味		软软的	卡通、可爱	伸着长脖子用黄色的嘴巴啄编码 2，把编码 2 啄出一个个小坑或者用脚蹼往后蹬编码 2
03	金元宝	象形	一片金灿灿的黄金	碰撞的哐当声	金子的气味		金属质感	金光闪闪、喜爱	编码 2 金光闪闪，或者很多块金元宝砸在编码 2 上
04	红旗	象形	红色的国旗、黄色的星星、白色的旗杆	嘹亮的国歌、红旗飘动的声音			防水防风的面料	祖国繁荣昌盛	从上往下插入编码 2 的头部，或者红旗在编码 2 头部挥舞
05	钩子	象形	黄色的、S 形、对称的弯钩	金属撞击声			冷冰冰和金属材质	危险、锋利	钩子的一端勾住编码 2 的中部
06	勺子	象形	锃亮的铝合金	炒菜做饭时撞击锅的铛铛声	饭菜的香味、厨房的油烟味		厨房的油腻感	温馨、家、嘴馋的感觉	用勺子在地点上挖出圆形坑，露出编码 2，或者手握勺子柄、用勺子的圆形底部敲编码 2，敲出一个大包
07	九齿 钉耙	象形	外形像 7，钉耙很锋利，柄很粗壮	挥起的嗖声	血腥味		神冰铁质感、笨重（五千零四十八斤）	神兵器、众神之力锻造、沉重、危险	从上而下打编码 2，钉在地点上

续表

数字	编码	编码方式	编码观察与观想						联结动作
			视觉	听觉	嗅觉	味觉	触觉	内心感觉	
08	葫芦	象形	褐色、嘴小肚大、上下两个圆、木质外壳	敲击时中空的声音			外表光滑、木质化的质感	吸收气场、宝贝、无所不能	葫芦的小嘴吸编码2，导致编码2和地点变形，或者把编码2吸入一半到葫芦口
09	球拍 网球拍	象形	黑色的球把、密密麻麻的球网（白色点缀部分红色）	球拍击球的声音．球触地的声音	汗水味、人工球场的气味		结实	运动、活力、有力量	球网盖住编码2，并在编码2上留下网格状的痕迹
10	棒球	象形	黑色主体的球棒、白色的棒球、手套	球棒击打球的声音、球在空中运动的声音、用手套接球的声音	汗水味		重	时尚、暴力	球棒把编码2击打到地点上
11	筷子	象形	主体火红色、细长、上端有漂亮的花纹	夹击声	饭菜的香味		木质感	中国风、食欲	一双筷子将编码2插到地点上，或者一双筷子把编码2从中间夹断，断裂错位
12	婴儿	谐音	小小的、肉肉的、清澈如水的眼睛	笑声、哭声	奶香味		软软、肉肉	单纯、可爱	笑着爬过去摸编码2，或者趴在编码2上
13	医生 听诊器	谐音	白色的听音部分（耳件）、蓝色的传导部分（胶管）、银色的拾音部分（胸件）	心跳的声音	医院消毒水的气味		胶管柔软、胸件冰冷	害怕、敬而远之、救死扶伤	胸件贴在编码2上（类似于人体心脏的位置），或者想象有很多胸件包裹住编码2

续表

数字	编码	编码方式	编码观察与观想						联结动作
			视觉	听觉	嗅觉	味觉	触觉	内心感觉	
14	钥匙	谐音	闪闪铜光、不规则的齿、齿痕凌厉、圆圆的孔、深深的槽	钥匙串的金属撞击声	铜锈味		冰冷、坚硬	家、熟悉、温馨、智慧	钥匙插入编码2中间，编码2裂成两半，或者钥匙插入编码2中间，编码2被拧地转动
15	鹦鹉	谐音	羽毛艳丽、弯钩般的嘴巴强劲有力、对趾型足、爪子适合抓握	高亢嘹亮	有点臭（鸟粪味）		羽毛很顺	爱叫、嘈杂、桀骜不驯	用嘴巴叼编码2，或者鹦鹉用爪子抓着编码2飞向地点
16	杨柳	谐音	郁郁葱葱，叶子细长	随风飘曳	春天的清新		嫩	欣欣向荣的生命力，安逸宁静	用柳枝拂过编码2，编码变闪亮，或者鞭打编码2，留下一条条抽打的痕迹
17	仪器烧杯	谐音	透明的、圆柱形、顶部的一侧开有一个槽口、便于倾倒液体、外壁有刻度	倒液体的声音、液体撞击烧杯壁的声音	刺鼻的气味		凉飕飕、硬塑料材质	化学实验室的感觉、科研的感觉	烧杯里的有色溶液浸泡着编码2，或者烧杯反过来扣住编码2
18	泥巴	谐音	深褐色的糊状物	啪	清新的泥土气息、恶臭的、腐烂的泥土气味		黏糊糊	脏、欢乐、淳朴	抹到编码2上（浑身上下都抹遍了）
19	药酒	谐音	透明的玻璃瓶、瓶壁很厚、褐色液体、各种中药材	摇晃液体的撞击声	刺鼻的气味	辛辣味、中药味		害怕、喜欢、滋补身体	药酒倒在编码2上，液体渗入编码2，中药材散落在编码2上，或者使用其中的某一味中药材

续表

数字	编码	编码方式	编码观察与观想						联结动作
			视觉	听觉	嗅觉	味觉	触觉	内心感觉	
20	摩托车	象形	蓝色，车身流线一气呵成	发动机蜂鸣	汽油、尾气			野性、自由	摩托车快速冲撞编码 2，前轮嵌入编码 2
21	鳄鱼	谐音	血盆大口、锋利的锥形齿，腿短，有爪，趾间有蹼，尾长且厚重，皮厚带有鳞甲，白色的肚皮	咬住的声音、爬行的声音、水中游动的声音				危险、性情凶猛、冷血	咬住编码 2（咬一半）
22	双头龙	象形	绿皮、如翼翅膀、长尾巴	嘻嘻的笑声、走路地动山摇				神秘、可爱	编码 2 变出两个在地点上，或者喷火，火从前往后扫过编码 2
23	和尚一休	谐音	光头、戒疤	念经声	香火味			慈悲、聪明、可爱	用头把编码 2 顶在地点上
24	盒子	谐音	古老的檀木	木头咯吱声	檀香味		木质感	神秘、古老、古色古香	盒子夹住编码 2（夹一半），或者打开盒子弹出编码 2
25	二胡	谐音	琴把黑如漆，琴坚如磐石，琴弦细而锋利	凄凉、哀怨	木头味		琴弦锋利如锯	凄凉、哀怨	用弦当作锯子割编码 2（把编码 2 的头部割开）
26	河流	谐音	清澈、波光粼粼	潺潺的水声	清新		凉爽	生命力，安逸宁静、滋养万物	大水冲编码 2
27	耳机	谐音	黑红相间、笨重	一片寂静	塑料味		耳机的海绵软软的	欢乐、寂静	用耳机夹，或者编码 2 变大

续表

数字	编码	编码方式	编码观察与观想						联结动作
			视觉	听觉	嗅觉	味觉	触觉	内心感觉	
28	恶霸	谐音	（外形像）绿巨人、全身通绿、肌肉发达	咆哮声	汗臭味		肌肉如钢似铁，拳重如山	凶狠、残暴	拳击，或者从天而降双手砸编码 2
29	史努比	特定含义	白色的卡通斑点狗	汪汪			毛发顺滑、温暖	卡通、可爱	像啃骨头一样低着头啃编码 2（用两个前爪拿着），或者像小狗玩球一样，来回滚动编码 2
30	毛毛虫森林	谐音	绿得发亮，通体密布细毛	缓慢爬行	草腥味		踩着软绵绵的	恶心、害怕	爬满编码 2
31	鲨鱼	谐音	庞大，牙尖，鱼鳍有力锋利	嗖地游得飞快	浓浓鱼腥味	味道鲜美	滑滑的、凉凉的	害怕、敬畏	像生小鲨鱼一样拉出编码2，或者用钢牙咬碎了编码 2
32	扇儿	谐音	纸扇、木把	呼呼风声	书香之气		古老的感觉	潇洒、淳朴	打开扇子露出编码 2，或者扇编码 2，狂风猛吹的感觉
33	闪闪钻石	谐音	棱角分明、晶莹剔透				坚硬，光滑，棱角	珍贵、喜欢	钻石镶满编码 2，或者编码 2 闪闪发光
34	绅士雨伞	谐音	黑色伞，手柄褐色	嘭地撑开伞	雨水潮湿味道		打开，旋转	悠闲、贵族、品质、坚固、遮风挡雨	编码 2 在撑开的伞里面旋转
35	松鼠	谐音	毛茸茸、大尾巴	吱吱吱	树的味道		毛发光滑柔顺	可爱、灵敏	尾巴卷起来缠住编码 2

续表

数字	编码	编码方式	编码观察与观想						联结动作
			视觉	听觉	嗅觉	味觉	触觉	内心感觉	
36	山鹿	谐音	梅花鹿、小巧可爱	低吟声	芳草清香			敏感、温顺	用鹿角叉拱起编码2
37	相机	谐音	大气、黑色、长焦	咔嚓咔嚓	塑料味		笨重	高级、笨重	食指从上往下按一下编码2
38	沙发	谐音	皮革发亮、坐垫，靠背	凹下去的声音	皮革味		光滑、舒服	高档、舒适	把编码2压在地点上
39	三角	谐音	三角形，塑料、中间镂空，边缘有黑色的刻度线	塑料断裂	塑料味		尖、硬、滑	尖锐、清脆	套卡住编码2拉扯
40	枪司令	特定含义	黑色、子弹、枪托、准星	哒哒哒扫射	火药味		笨重	暴力、冲突、血腥	用手枪射击加冒烟，编码2被射出一个个弹孔
41	话筒司仪	特定含义	闪亮耀眼、很多孔、细细柱子	浑厚、回音、刺耳杂音	口水味	金属味、塑料味	冷冰冰的金属、硬邦邦的塑料	高大上、舞台主角、光鲜艳丽	话筒射出很多编码2，或者话筒的声波震荡编码2
42	柿儿	谐音	外面橘黄色的、里面汁液闪耀着光泽	捏爆柿子，砸烂柿子的声音	浓郁的水果香	涩、甜	生：硬邦邦、熟：软绵绵	软绵绵	砸在编码2，红色汁流在编码2
43	石山	谐音	山的庞大、褐色、痕迹、树木的绿色	石头掉落的声音、风吹草动	日晒的味道、绿树的鲜味	尘土涩涩的味道	有点烫、余温	山的庞大，自己的渺小	把编码2压扁，或者两座山夹住编码2
44	狮子	谐音	毛茸茸、金黄色、庞大	咆哮、喵	臭烘烘的汗味、尘土味		温热、毛茸茸	威武、凶狠、野性	吼的声音震动编码2，或者咬住左右甩编码2
45	师父	谐音	袈裟、佛珠、钵、法杖	念经声	香火、檀木		神秘	慈悲、神圣	袈裟盖住编码2

续表

数字	编码	编码方式	编码观察与观想						联结动作
			视觉	听觉	嗅觉	味觉	触觉	内心感觉	
46	石榴	谐音	红彤彤、饱满有光泽	石榴子掉落散开	清香	酸酸甜甜又有点涩	冰凉、有水分	美味、水汪汪	无数石榴籽将编码 2 盖住一半，或者无数石榴籽射向编码 2
47	方向盘司机	谐音	黑色、圆形的方向盘	发动机轰鸣声	汽油、尾气		光滑	高端、大气	像开车一样，方向盘插在撞编码 2 上转动方向，或者开着车用车头撞
48	石板	谐音	方方正正、纹理	敲一敲、石头碰撞			冰冷光滑、石头的感觉	冰冷、沉重、危险	用石板拍扁编码 2，或者用石板压住编码 2
49	手铐死囚	谐音	两个金属环、中间铁链	手环碰撞金属声	血腥、汗臭		冰冷	禁锢、失去自由、拘束、无情	铐住编码 2
50	武林高手	特定含义	黄色、毛茸茸、金箍棒	猴急声	臭烘烘		毛发毛茸茸、金箍棒硬邦邦，冷冰冰	武功盖世、威武、气势磅礴	用金箍棒打
51	狐狸	谐音	毛茸茸、褐色的毛发，小巧	嗷嗷叫	臭烘烘		毛很滑很顺，很暖和	奸诈、高冷	用尾巴扫编码 2，或者用尾巴扫倒编码 2
52	斧儿	谐音	金属材质、锋利	削斩木头	不锈钢气味		冰冷的金属感	锋利、害怕	把编码 2 削去上面一半
53	火山	谐音	光、热、红色的熔浆	岩浆喷射	烧焦味		滚烫、热	恐惧、炎热	喷出岩浆融化编码 2 的下半部，或者喷出很多编码 2

续表

数字	编码	编码方式	编码观察与观想						联结动作
			视觉	听觉	嗅觉	味觉	触觉	内心感觉	
54	注射器护士	谐音	长针筒、液体，细银针	刺破皮肤，注射药物，心跳声	医药酒精		冰冷	害怕、恐惧、疼、医疗康复	打针
55	火车呜呜	谐音	黑色或者绿色的火车皮、火车头喷出的蒸汽	呜呜的器鸣声，轮子滚动	煤炭味		冰冻的金属感	熟悉、回家、幸福	碾压过编码 2，留下两条铁轨般的痕迹
56	蜗牛	谐音	笨重的壳，白色爬痕	爬时摩擦大地	清香、露水		黏黏的	害怕，黏黏	爬过编码 2 留下白色痕迹
57	大炮武器	特定含义	威武雄壮、迷彩色的	射击、震耳欲聋	火药味		金属触感，有一点点微微震动	厉害、危险	编码 2 爆炸，或者碾压编码 2
58	火把	谐音	明火、黑烟	燃烧的噼啪声	煤油味		热、烫、痛	危险、温暖	火烧编码 2，或者多个插在编码 2 上，像花束一样
59	乌龟	谐音	龟壳，龟纹	爬、划水	海腥味	咸咸的	龟壳硬邦邦	悠闲自在、慢悠悠	趴在编码 2 上游动
60	榴梿	谐音	外面刺、里面肉软软黄黄	剥开榴梿壳	又臭又香	浓密的香甜	外壳硬邦邦的、里面的果肉软软的	熏到了	榴梿汁把编码 2 染黄，或者编码 2 全身冒刺，或者打开的榴梿把编码 2 熏晕
61	书包儿童	特定含义	黄色小蜜蜂、装得满满的	拉链声	书墨味		皮或布的顺滑感	可爱、童趣、活力	书包口冒出编码 2

续表

数字	编码	编码方式	编码观察与观想						联结动作
			视觉	听觉	嗅觉	味觉	触觉	内心感觉	
62	驴儿	谐音	黑色的、四条腿、身体修长	驴叫声，踩脚声	臭烘烘的		皮肤硬邦邦的、毛发很顺	倔、可爱	后腿踢编码 2，或者像拉磨一样转动编码 2（上下两层）
63	流沙	谐音	细腻的沙、金灿灿	沙的流动声	干燥		滚烫、细腻	荒凉、燥热的感觉	一粒一粒沙嵌入编码 2，或者用沙包住一半编码 2
64	牛屎	谐音	深褐色、一圈圈	苍蝇嗡嗡嗡	青草芳香		软、黏糊糊	有点脏、黏稠	牛屎砸中编码 2，或者牛屎里冒出编码 2（像是长出一朵鲜花）
65	老虎	谐音	庞大、虎皮、王字	咆哮声、震耳欲聋、人心惊胆跳	臭烘烘		毛发很顺、很暖和	凶猛、可怕	扑咬，或者抱住编码 2
66	溜溜球	谐音	两个蓝色圆轮、中间柱子、一根绳子绑着	转动嘶嘶声			被割伤、痛	好玩、有趣	编码 2 上上下下
67	油漆	谐音	五颜六色的、很细腻的	泼洒声	油漆味		细腻、黏黏的	不健康、危险	泼洒在编码 2 上
68	喇叭	谐音	红彤彤的、喇叭口	刺耳杂音			塑料冰凉感	嘈杂、不得安静	喷出编码 2，或者一圈圈声波打在编码 2 上
69	太极	象形	黑白八卦	安静祥和			虚幻、碰触不到	安静而神秘	使编码 2 旋转，或者推倒编码 2

续表

数字	编码	编码方式	编码观察与观想						联结动作
			视觉	听觉	嗅觉	味觉	触觉	内心感觉	
70	麒麟	谐音	龙头、鹿角、狮眼、虎背、熊腰、蛇鳞、马蹄、牛尾	咆哮声、震耳欲聋	神秘的气息		麟光滑	神兽、敬畏	从天而降，用4个蹄子踩踏编码2，或者喷火在编码2上，火从天而降，一根根火柱
71	机翼（奇异果）	谐音	庞大、机翼、翱翔	轰隆声、风声	尾气味		硬邦邦、冰冷，光滑	高大上、很快	用机翼撞编码2（切入一半），或者编码2变成纸一样扁平
72	企鹅	谐音	黑压压、白肚皮、傻傻、憨厚、可爱		海腥味		光滑、冰冷、柔软	可爱、憨厚、笨笨的	用肚子顶，或者像孵化小企鹅一样用脚夹住编码2
73	鸡蛋	谐音	椭圆、蛋清、蛋黄	蛋壳破裂声、晃动声	鸡屎		光滑	简单、营养	在编码2上敲开鸡蛋，或者鸡蛋里面孵出来编码2
74	骑士	特定含义	骑士、铠甲、战马	马鸣、长矛刺破空气声	血腥味		长矛锋利、马雄壮、骑士威武	英勇	长矛刺中编码2
75	蜘蛛侠（积木）	谐音	红衣、蓝裤、网状	网 嗖				正义感	用蜘蛛丝捆住，或者蜘蛛网网住编码2
76	犀牛	谐音	庞大、灰色皮、独角	笨重的奔跑声	泥土气息		皮糙肉厚	气势磅礴	犀牛低着头用独角冲撞编码2
77	机器人	谐音	金属材质、多变	机械声	钢铁、汽油		金属质感	安全、高科技	摔编码2（过肩摔），或者直接倒压在编码2上

续表

数字	编码	编码方式	编码观察与观想						联结动作
			视觉	听觉	嗅觉	味觉	触觉	内心感觉	
78	青蛙（西瓜）	谐音	绿皮、长舌头	呱呱	泥土气息		黏黏的	好但嘈杂	编码2上印出爪印，或者伸出舌头卷走编码2，或者像蛤蟆功一样鼓吹编码2
79	气球	谐音	五颜六色、托起房屋	风声、气球爆破声	自由		蓬松感	自由、梦	吊起编码2往上飘升
80	巴黎铁塔	谐音	金属、上宽下窄	风雨中嗒嗒的声响	钢铁硬朗浑厚的气息		冰冷的铁架	美、震撼	镇住压住编码2
81	白蚁	谐音	纤细的四肢、触角	交头接耳	泥土味		弱不禁风	渺小、成群结队	爬满全身咬，甚至瞬间咬得只剩一堆白骨，或者一群蚂蚁，搬编码2左右移动
82	靶儿	谐音	大圆盘、一圈圈	箭 嗖	木头味		木质感	利器	飞镖射中编码2，或者靶儿像飞盘一样射中编码2
83	花生	谐音	8字形、褐色外壳、红皮	清脆掰开声	五香味		粗糙	美味	打开花生看见里面躺着编码2
84	巴士	谐音	红色的双层观光巴士	发动机声、喇叭声	汽油、尾气		追不上	难等、晃动	拖着编码2，地点上出现拖痕，或者侧倒压住编码2，或者迎面将编码2撞击到地点桩里
85	白兔	谐音	白毛、长耳朵、毛茸茸	嚼青草声	膻味		毛茸茸	可爱、温顺	在编码2上打地洞，或者耳朵伸长捆住编码2

续表

数字	编码	编码方式	编码观察与观想						联结动作
			视觉	听觉	嗅觉	味觉	触觉	内心感觉	
86	大刀八路	谐音	红色的刀柄，锋利的刀把	刀枪争鸣	血腥味		锋利无比	威武、危险	刀45° 侧砍编码2
87	白棋（白旗）	谐音	白棋光滑如纽扣	掷地有声、清脆	塑料味		圆滑	高端大气	编码2镶两颗白棋，或者用手掌从上往下压编码2
88	爸爸	谐音	慈祥笑容、有力手臂	声音沙哑严厉	汗味、烟味		皱纹、沧桑	温暖、愧疚	双手抱起编码2
89	芭蕉（白酒）	谐音	黄皮、白肉	薄皮声	浓香	香甜	黏黏的	美味可口	剥开皮，冒出编码2
90	精灵（酒瓶）	谐音	蓝色的小精灵，白色的厨师帽和白鞋子	兴奋的飞跑声，高兴的叫喊声	古灵精怪		柔软舒服	可爱、古灵精怪	使编码2变成一排出现在地点上，或者从天而降五雷轰顶编码2
91	球衣	谐音	白色、领口、袖口	布撕裂声	汗臭味		如丝光滑	运动、生命	手拿球衣擦编码2，或者从球衣袖子冒出编码2，又从另一个袖子里钻入
92	球儿	谐音	圆滚滚	嗖	汗味		光滑	运动、生命	射中编码2，把编码2中部砸出一个坑
93	救生圈	谐音	圆圆、中间镂空	放气嘶嘶声	消毒水味		滑滑、软软有弹性	安全感、漂浮	套住编码2的“脖子”或其他部位
94	黑板擦教师	谐音	正面黑色毛绒绒，背面铁	擦黑板声	粉笔味		粉笔灰	神圣、为人师表	擦掉编码2一半

续表

数字	编码	编码方式	编码观察与观想						联结动作
			视觉	听觉	嗅觉	味觉	触觉	内心感觉	
95	救护	谐音	担架、金属、布网		药味		有弹性	神圣、生命	救护架卡主编码2，或者载着编码2滑入地点（像是进入救护车或者手术室）
96	火锅 酒楼	谐音	五颜六色、蔬菜、海鲜	滚烫声	海鲜味，香菜味	可口，酸甜苦辣咸	烫	美味、口可	滚烫的火锅汤泼洒在编码2上，或者在火锅里涮编码2
97	手机 （酒席）	谐音	液晶显示屏，薄而轻巧	铃声、锁屏声	汗味		光滑，纤薄	安全、高科技	打开屏幕出现编码2，或者编码2震动
98	酒杯 酒吧	谐音	锥形，透明的玻璃杯	水晃动声	酒香	辛辣、很冲	光滑	醉、酒吧的氛围	酒洒在编码2，或者酒灌醉了编码2，或者翻过来罩住编码2
99	双锤 （舅舅）	象形	圆圆的大锤，短短的手把	巨响如雷贯耳，惊心动魄			钢铁的粗糙刚劲	威武雄壮、霸气	用双锤砸烂了编码2
100	熊猫 （望远镜）	象形	黑色的四肢，白色的肚子		竹子味		肚皮毛绒绒，非常富有弹性	憨厚可爱	让编码2长毛，或者乱拳打编码2

4.5 训练前、中、后的工具及方法运用

训练分为有效训练和无效训练，不总结昨天的不足，不根据前期的训练水平做目标的调整，不关注和调整当下的训练状态，只是重复的、长时间的训练，这很有可能在做无效或者低效训练。有效训练需要在训练前关注自身精神状态，做好训练前的准备工作；训练中，跳出训练“舒适区”，以目标为导向，及时记录成绩；训练后，分析总结训练中进步及不足，并且做出调整方案。

1. 训练前

在训练前，为了有一个比较清晰的图像和熟练编码动作，最好能够先把所有的编码图片看一遍，看的方法和曼陀罗卡一样（建议每次训练前，先训练曼陀罗卡，对于当前状态的调整、专注力和图像清晰度的提升有很好的作用，具体方法和图片请参考附录）。具体的想象内容可以参考上面编码表格中给出的五感，结合心理感受进行想象。所有的图片根据自己的熟练程度，时间控制在 15 分钟之内。

如果会使用 PPT，可以通过闪烁动画来训练，每张图片的间隔时间可以自己调节，从开始的 10 秒到 0.5 秒甚至更快，这都是很好训练脑中图像清晰度的方法。把每次的编码图像观察时间简单记录在笔记本上，这样对自己的训练轨迹也会有相对清晰的认识。

我们看着编码图片，随着每张 PPT 编码图片跳动速度越来越快，每一幅图片的联结速度也会越来越快，并且每一张图片既是动作的承受方又是下个编码的动作发起方，这样可以全方面训练编码在前或者在后的不同位置联结。这是被动的通过外在工具，提高记忆速度的最佳方式之一。

还有一个非常实用的方法是用节拍器。通过调整节拍器节奏的快慢来训练，做到每次定桩记忆时间的均衡，并且速度尽量和节拍器保持一致。当天

训练前可以看看笔记记录中之前的速度及效果情况，并做好相应的调整，这样做的效果非常好，这也是我能够短时间不断突破瓶颈、快速进步最重要的原因。

2. 训练中

在训练中，基本的原则是把每一次的训练都当作小考的模式认真对待，严格计算所用时间，集中所有精力认真记忆。比如要记忆 40 个数字或 40 组词语，就要设定预期准确率和时间并朝着这个目标开始记忆，不管能否达到预期目标都要留一点时间简单分析记忆的成绩。不管好与坏，只要是认真记过的，分析后收益都会很大。分析的逻辑也很简单，首先看看是否全部正确，并把错误的挑出来，从编码的动作、图像清晰度、宫殿熟练度及当时的专注度这四方面快速回忆，看看是哪方面的问题，快速勾画出来。如果是前面三个原因先不用急着做调整，因为这需要达到一定的数据再看是否需要调整。如果是专注度的问题就要看看是否当时有外在的影响或者那一刹那突然走神的原因，如果都不是，就要看是否需要适当闭目休息。

把每一次小的训练都当作小考、及时分析总结，是我用了绝大多数人三分之一的时间就达到了和他们大赛时一样成绩的最重要原因。当然并非每个人都要参加比赛，但好的方法和状态都是共通的。

3. 训练后

一天的训练结束后，要对训练情况进行复盘。拿出笔记本，找出最好成绩和最差成绩，再计算一下其他成绩，最后核算出平均成绩，这个就是你当天比较稳定的成绩。第二天可以根据这个成绩分别制定三个目标：一个是保底目标，即今天的平均成绩；一个是基本目标，即今天最好的成绩；另一个是挑战目标，可以在基本目标上再增加一点难度，具体多少可以自己综合判断。

另外根据训练笔记中的情况，看看哪些编码动作重复出现错误或者自我感觉用到某个编码或地点桩时感觉别扭，这个时候可以适当调整，每次调整数量不超过三个。调整完成后，要及时强化熟悉。

我把这套精进的训练记忆方案套用在英语听力训练上进步也非常大。往年断断续续看视频、泛听、阅读一些相关英语文章，还没有认真精进学习一个月的进步大。这就是能力的转移，也是训练记忆给我最大的收获。

4.6 积极寻找正面反馈

人的努力是需要反馈的，能够在没有任何反馈的情况下不断坚持的人是极少的，很容易让人懈怠。除非他的信念足够强大而坚定。

我有一位成年学生，刚开始学习记忆法时，大概五分钟只能记忆20张扑克，水平非常低。有一次他和同学聚会，聊到关于记忆的话题，他还在同学面前展示了这皮毛功夫，很多同学都佩服不已。他们说虽然没有魔术那么惊艳，却是真实的大脑记忆能力。后来他和我讲就是通过那次展示重获信心，才有了日后的坚持训练，也许自己的水平在记忆高手眼中非常的业余，但是在那些普通人眼中是完全不一样的。这位成年学生后来还参加了记忆比赛，拿到了很好的成绩，并且转行成为一名记忆培训师。

我也经常在想自己为什么能够在相对封闭的环境中自我训练，最后还能取得不错的成绩，其实我也一直在寻找反馈。当然，我的反馈是从每次的训练成绩中获取，就如上面我介绍的那样，我把每一次训练都当作考试，所以每一次都有成绩，每一次的成绩都会和总目标进行对比，这样就可以找到实实在在的反馈，这也是我能坚持的最重要的原因了。有次我整理训练材料，竟然装满一个大袋子，如果在开始时知道要训练这么多材料，我也会被吓退。

寻找反馈的方法，一方面可以参考我的方法把总目标进行细化，把单日目标和总目标多对比找到进步和差距；另一方面也可以在亲朋好友面前多多展示自己的记忆能力，比如可以展示词语、单词、数字甚至扑克的记忆能力，通过外在环境获得成就感。

第二阶段

文章材料训练，记忆方法融合

上阶段从基础的词语开始训练，掌握词语记忆的方法，并且也有了一套日常训练记忆的工具。训练中把很多独立的词语通过故事记忆法和联结定桩的方式，形成了一篇有趣的故事和一套整齐有序的动态图片。记忆的过程要不断增加要素，达到更高效的记忆效果。

现在需要反过来，记忆的内容已经很多，有些本身就是有趣故事情节，而有的是一段枯燥的介绍，如果还完全套用之前的方法就不是最好的选择。记忆的内容不同，难易程度也不同，使用的方法也有差异，就好比图像词比抽象词好记，小故事肯定也比古诗文好记。

接下来我们同样从易到难，开始学习和记忆。

第5章

简短故事篇

短篇故事是非常好的训练素材，情节有趣、寓意有启发性，在语言表达上也非常有画面感，几乎可以边读边想象具体的图像。所以短篇故事一方面能够训练文字材料的记忆能力，另外一方面故事本身也是很好的丰富大脑想象能力的素材。

5.1 短篇故事和故事法记忆的异同

短篇故事是有主角、有情节、有结果及相关意义的封闭故事。理解和记忆过程中非常重视其内在逻辑及重点词汇的选择。

故事法记忆形成的小故事和短篇故事最大的不同在于故事法没有固定的主角，没有固定的情节、场景甚至意义。它最大的目的是调用脑海中的图像想象力，把所有的词语都联结在一条图像线条之中，每个线条上的图像点都能引申出下一个图像，达到持续高效的记忆效果。

故事法记忆的能力是记忆短篇故事的基础，它能很好地训练大脑主动想象图像的能力，同时提升短篇故事中关键词记忆效率。

5.2 短篇故事的记忆方法

图像词、抽象词及混合词的记忆能力是现在短篇故事记忆的基础，短篇故事因为其本身的逻辑性、系统性需要增加其他的记忆方法和工具，比如挑选关键词、导图厘清逻辑线条、回忆复述等。

5.2.1 主人和他的狗

一个人打点好行装准备出发。这时，他看见他的狗仍站在门口打呵欠，便严厉地对它说："为什么你还站在那里打呵欠？一切准备妥当，只等你了，赶快跟我走吧！"狗摇着尾巴回答说："主人！我早就准备好了，我等你等得都打呵欠了。"这是说有些人不检点自己，还常常把过失归咎于别人。

1. 读故事想图像

第一句：一个人打点好了行装准备出发。这是动态画面，在这个画面中可以看到几个具体的图像，在想象过程中要特别留意、强化记忆：人、行装；

第二句：这时，他看见他的狗仍站在门口打呵欠，便严厉地对它说："为什么你还站在那里打呵欠？一切准备妥当，只等你了，赶快跟我走吧！"动态画面中具体的图像有：狗、门口、打呵欠；

第三句：狗摇着尾巴回答说："主人！我早就准备好了，我等你等得都打呵欠了。"具体的图像有：狗、尾巴、打呵欠；

第四句：这是说有些人不检讨自己，还常常把过失归咎于别人。这句话主要是讲道理，所以基本都是抽象词，选择重点词汇：不检讨、归咎。

2. 抓住关键词

在想象画面的过程中，脑海中会强化记忆一些具体的图像词，那么图像词是不是就是关键词呢。图像词不完全等同于是关键词，但是不管是图像词还是关键词，他们最重要的目的是一致的：方便更好的理解和记忆整篇文章。如何判断是不是关键词，首先从词性上讲，一般关键词以名词为主（图像词一般也是名词是关键词的优先选项），动词次之，辅于必要的形容词、副词及介词。精简关键词的判断原则，删除它不影响内容理解，就可以删除；删除它会对内容产生歧义误解，则需要保留。

关键词的选择也要根据文章的内容的长短来选择关键词的多少，不建议把所有的关键词都选择出来，只需要能够有助于理解和记忆的词语进行挑选即可。

3. 根据关键词复述

根据这些重点记忆词汇把上面的故事尽量按照原文复述出来。复述过程中发现哪块记忆不准确就重新调整重点词汇或者增加一些词语。

记忆过程中也要快速地找到短文中核心的结构，这对于找准记忆点很重要。短文出现三个打哈欠，主人“看”狗打哈欠，主人“说”狗打呵欠，狗“等”打呵欠，出现记忆不准确的时候可以把三个动词加上，记忆结构也清晰，记忆效率也会更快。

4. 分析总结

①在一句话或者一段文字中选择关键词是有一些技巧的，主要标准有两条。第一条是选择本句中的图像重点。如果本句中有明确的图像词就很容易产生图像并记忆，并且能够把整句话的意思整合起来，这个时候选择记住图像词，图像词一般以名词为主。

第二条是选择本句或本段中一些结构性的逻辑关键词。如上文，就是围绕着“打呵欠”这件事来理清到底是谁的责任，所以选择三个动词：“看”“说”“等”。这三种不同的打呵欠的状态就基本把这个故事中主人和狗的故事讲清楚了：“主人看见狗打呵欠，问狗为什么打呵欠，狗说等得打呵欠。”

②开始记忆的过程中不要过于在意寻找的关键词是否正确，哪怕找的不准确也比之前眉毛胡子一把抓的方式要好很多。我们要把方法先用起来，后期再不断完善。

5. 闭目回忆，完整背诵全文

5.2.2 狐狸和葡萄

饥饿的狐狸看见葡萄架上挂着一串串晶莹剔透的葡萄口水直流，它想要摘下来吃，但又摘不到。看了一会儿，无可奈何地走了，它边走边安慰自己说：“这葡萄没有熟，肯定是酸的。”这是说有些人能力小、做不成事，就借口说时机未成熟。

1. 读故事想图像

根据想象过程出现的主要图像词结合关键词选取原则，写出部分关键词协助大脑记忆。开始训练时，可以看着关键词进行复述，后期熟练后，可以一步到位，边想边记。

2. 抓住关键词

这个故事非常简单，几乎每个人都能说出该故事的核心内容：“吃不到葡萄说葡萄酸。”现在把这个核心内容再进行扩展，这个故事发生的主人翁是谁，在什么样的情景下发生的，得出了什么寓意。围绕上面的分析逻辑，找出故事中的关键记忆词。

狐狸、葡萄、口水、摘不到、走了、安慰、没熟、酸、能力、时机。

3. 根据关键词复述

根据想象过程出现的主要图像词结合关键词选取原则，写出部分关键词协助大脑记忆。开始训练时，可以看着关键词进行复述，后期熟练后，可以一步到位，边想边记。

4. 分析总结

①如何想象图像，比如第一句话“饥饿的狐狸看见葡萄架上挂着一串串晶莹剔透的葡萄。”饥饿的狐狸：图像需要有点加工，可以想到狐狸，但是肚皮凹进去了，这是狐狸饥饿的状态。“看见”这是动作联结，和前面记忆词语一样，把静态转化为动态的词语。葡萄架上挂着一串串晶莹剔透的葡萄：这是按照视线移动的顺序来展示图像。按照图像模式，这句话是非常容易记住的：看见葡萄架，葡萄架上挂着一串串，一串串是晶莹剔透的，晶莹剔透的葡萄。这就是按照眼目所及的顺序，联结起来的场景图像。

②表达不同情绪和情感词语时，同样也可以把一些表情和动作加入想象的画面中，让图像更生动，记忆也会更轻松准确。比如“无可奈何”：可以想

像狐狸摇摇头叹口气的动作，“安慰自己”，狐狸甩甩自己的尾巴。

③最后一句的道理是根据前面的故事得出来的，所以不需要重新想象一个新的图像来代替抽象的道理，只需要把前面故事发生的事和故事中的道理一一对应，就可以记忆更准确高效。

5. 闭目回忆，完整背诵全文

5.2.3 狼与鹭鸶

狼误吞下了一块骨头，十分难受，四处奔走，寻访医生。它遇见了鹭鸶，谈定酬金请他取出骨头。鹭鸶把自己的头伸进狼的喉咙里，叼出了骨头，便向狼要定好的酬金。狼回答说：“喂，朋友，你能从狼嘴里平安无事地收回头来，难道还不满足，怎么还要讲报酬？”这故事说明，对坏人行善的报酬，就是认识坏人不讲信用的本质。

1. 读故事想画面

边读边想象具体的画面：

第一句：狼误吞下了一块骨头，十分难受，四处奔走，寻访医生。这里可以用两条不同的线条来记忆，第一条是图像词：狼、骨头、医生；第二条是动词：误吞、奔走、寻访。两条线索都可以选择。

第二句：他遇见了鹭鸶，谈定酬金请他取出骨头，鹭鸶把自己的头伸进狼的喉咙里，叼出了骨头，便向狼要定好的酬金。第一条图像词：鹭鸶、酬金、骨头、喉咙；第二条是动词：遇见、谈定、取出、伸进、叼出、要。

第三句：狼回答说：“喂，朋友，你能从狼嘴里平安无事地收回头来，难道还不满足，怎么还要讲报酬？”

第一条图像词：狼嘴、头；

第二条动词：收回来、讲报酬。

第四句：这故事说明，对坏人行善的报酬，就是认识坏人不讲信用的本质。坏人、不讲信用。

2. 抓住关键词

文章记忆中，最重要也是比较难的是逻辑顺序，当图像简单，但是事情发展相对复杂时，关键词选择相对也会更加灵活。

图像记忆：狼、骨头、医生、鹭鸶、酬金、骨头、喉咙、狼嘴、头、坏人、不讲信用

逻辑记忆：误吞、奔走、寻访、遇见、谈定、取出、伸进、叼出、要、收回来、讲报酬、坏人、不讲信用

3. 根据关键词进行复述

复述时，不管是哪条线索，图像和逻辑都是不可缺少的，图像清晰，思路明确，记忆才是成功高效的。

4. 分析总结

①本故事在描述上特别注重故事发生的先后顺序，并且用了很多动词，适应这篇小故事的方法就是抓住每个动作词，从而抓准图像发生的线条，顺藤摸瓜、轻松记忆。

②记忆材料没有完全固定的模式，所有的方法都是围绕着图像和逻辑（线条）达到高效记忆的目的。

5. 闭目回忆，完整背诵全文

5.2.4 两只口袋

普罗米修斯创造了人，又在他们每个人的脖子上挂了两只口袋，一只装别人的缺点，另一只装自己的。他把那只装别人缺点的口袋挂在胸前，另一只则挂在背后。因此人们总是能够很快地看见别人的缺点，而自己的却总看不见。

这故事说明人们往往喜欢挑剔别人的缺点，却无视自身的缺点。

1. 读短文想图像

重点图像提示：

普罗米修斯：是一个人名，外国人名是直接音译过来，一般没有具体含义，也很难有具体的图像，所以可以运用谐音和联想的方法来记忆一普罗大众用米来修饰自己。

缺点：具象为“洁白无瑕的玉缺了一点”的图像。

每一段文字都会有不同的描述方式，比如前面记忆图像词时，非常刻意安排词之间的顺序和动态联结，所以在读的过程中既有画面又有清晰的线条。但是并非所有的文字都是如此，比如本文中，每一句话都可以想象到图像，但是线条或者框架可能在读第一遍时很难一下子把握住。这种情况是正常的，也是训练的必经过程。第一遍边读边想的记忆习惯先要打扎实，第二遍再来找线索搭框架。

2. 抓住关键词

关键词记忆的选择最好和短文的线索和结构相吻合，这样记忆效率会更高。

普罗米修斯、人、两只口袋

缺点：①别人、胸前、看见、挑剔；

②自己、背后、看不见、无视。

这个小短文的结构并不复杂，分成两条线，一条是别人的缺点，另外一条是自己的缺点，每一句都是先讲别人的缺点怎样，后讲自己的缺点怎样，线路非常清晰。

3. 根据关键词复述

参考线条时，留意①和②是并列的，并非垂直的。

4. 分析总结

小短文分析线索和结构是为后期中长篇文章记忆打基础，文字量的增加意味着线索和结构会更加复杂，但是万变不离其宗，前期的训练越多越扎实，后期记忆会越来越快和轻松。

5. 闭目完整背诵本文

5.2.5 寡妇与母鸡

有个寡妇养了一只母鸡，母鸡每天下一个蛋。她以为多给鸡喂些大麦就会每天下两个蛋。于是，她就每天这样喂，结果母鸡长得越来越肥，每天连一个蛋也不下了。这故事说明，有些人因为贪婪，想得到更多的利益，结果连现有的都失掉了。

1. 读故事想图像

典型的图像词记忆方法：寡妇、母鸡、蛋。

2. 抓住关键词

找关键词，最重要找准这个故事的发展线条（逻辑）。这个故事和上面的故事有点区别，上面的故事几乎一根线条讲完整篇故事。这个故事要简单总结，否则就联结不清。因为都是寡妇、母鸡、蛋。第一句描写了现实，第二句描写想法，第三句描写行动和结果，最后一句讲道理。所以这个故事的线条是：

现实：寡妇、母鸡、一个蛋

想法：寡妇、多喂、母鸡 - 两个蛋

行动：这样喂

结果：母鸡肥、不下了

道理：贪婪、利益、失掉(这些词比较抽象，用代替法：贪婪 - 多喂大麦，利益 - 两个蛋，失掉 - 一个蛋）

现实 - 想法 - 行动 - 结果 - 道理是逻辑线条，总结出来的每个关键词上，都有相应发生的具体图像。所以记忆过程中有图像，有线条不会混乱。

3. 根据关键词复述

复述过程中，需要注意逻辑和图像的结合。

4. 分析和总结

训练记忆的过程，也是训练逻辑思维的过程，那个线条既是线索也是结构框架，有时可以在文中直接找到，有时需要适当的概括和总结。先从简单的开始，慢慢会形成大脑的思考和记忆习惯。

5. 闭目完整背诵本文

5.2.6 农夫与蛇

冬天，农夫发现一条蛇冻僵了，农夫很可怜它，便把蛇放在自己怀里。蛇暖和后，苏醒了过来，恢复了它的本性，咬了它的恩人一口，使他受到了致命的伤害。农夫临死前说："我该死，我怜悯恶人，应该受恶报。"这故事说明，即使对恶人仁至义尽，他们的邪恶本性也是不会改变的。

1. 读短文想图像

重点图像提示：

①冬天：一个时节，可以想象白雪皑皑的样子。

②蛇冻僵：先想到蛇，再感觉它冻僵的样子。这两个图像几乎同步发生，但是记忆中，还是要刻意区分下，有利于区分是"冻僵的蛇"还是"蛇冻僵"，这就是记忆和理解的不同，虽然它们两者的意思一样，但是为了能够记忆更准确，在图像联想时还是要尽量区分细节。

2. 抓住关键词

农夫、蛇、冻僵、可怜、怀里、温暖、苏醒、本性、咬、致命、说、怜悯、

恶报、说明、仁至义尽、邪恶本性

3. 根据关键词复述

注意抽象词的想象和转化。

4. 分析总结

本书所有材料的目的是在训练高效的记忆思维方式，所以很多词语理解上不会刻意追求顺序的先后，但是如果要达到精准和高效的记忆，就要将一些细微的图像顺序在脑海中尽量展示出来。

5. 闭目回忆，完整背诵全文

5.2.7 两只打架的公鸡

为了争占母鸡，两只公鸡打了起来，其中一只把另一只打跑了。那只被打败的只好躲进有遮盖的地方，那只打胜的却飞到高墙上大喊大叫。这时一只鹰，猛飞过来，将它抓了去。这以后，那只被打败的公鸡平平安安地占有了那些母鸡。这故事说明，骄傲给人带来危害，谦卑给人恩惠。

1. 读短文想图像

重点提示："母鸡和公鸡、两只公鸡、被打败的公鸡、打胜的公鸡"。这些图像在脑海中都要有区别，公鸡和母鸡外形的区别明显，想象图像相对简单，如果不知道的，可以查看一些图片，对比差别，记忆会更加深刻。"两只公鸡"，打败的状态可以想象毛发凌乱的样子，打胜的状态可以想象昂首挺胸的样子。

2. 抓住关键词

这里的关键词可以以动词为主，因为主角在前面的图像中已经有全面生动的想象了，就是"母鸡和两只公鸡"。

争占、打了起来、打跑、躲进、大喊大叫、鹰、抓、占有、说明、傲慢、危害、谦卑、恩惠。

3. 根据关键词复述

关键词主要选择的是动词，所以在想象过程中，图像的重点可以放在动作差异上，想像会更加清晰，记忆会更深刻。

4. 分析总结

关键词在记忆中是非常灵活的，这里关键词几乎都是动词，把整个故事很好地串联起来。

5. 闭目回忆，完整背诵全文

5.2.8 短文记忆练习

1. 兔子和猎狗

一条猎狗将兔子赶出窝，并一直追赶它，可追了很久仍未抓到。一个牧羊人见此情景停了下来，讥笑猎狗说："你们两个之间小的反而跑得快得多。"猎狗回答说："你不知道我们俩的跑是完全不相同的！我仅为一餐饭而跑，而它却是为性命而跑。"这故事是说，无论人或动物都具有求生的本能，这个本能蕴藏着巨大的力量。

2. 驴子与小狗

有人养了一条狗和一头驴子，主人常同狗一起嬉戏。有一天，他外出吃饭，带回一些食物，扔给狗吃。狗高兴地摇着尾巴迎了上去。驴子非常羡慕，也蹦蹦跳跳跑了过去，结果踢了主人一脚。主人十分气愤，痛打了驴子一顿，并把它拴在马槽边。这故事是说，同样的事情不一定适合于所有的人。

3. 骆驼与宙斯

骆驼见牛炫耀自己漂亮的角，羡慕不已，自己也想要长两只角。于是，它找到宙斯，请求给它加上一对角。宙斯因为骆驼不满足已有庞大的身体和强大的力气，还要妄想得到更多的东西，气愤异常，不仅没让它长角，还把它的耳朵砍掉一大截。这故事是说，许多人因为贪得无厌，一见别人的东西就眼红，不知不觉连自己已有的东西也失去了。

4. 公牛与车轴

几头公牛正使劲拉着货车行走，车轴被压得发出吱吱的响声，牛回过头，不耐烦地对车轴说道："喂，朋友，我们无声无息负担着全部重量，你叫唤什么？"这故事是说，那些平日里只会耍嘴皮的人往往干活少，而那些默默无闻的人往往承担着较大的责任。

5. 叼着肉的狗

狗叼着肉渡过一条河。它看见水中自己的倒影，还以为是另一条狗叼着一块更大的肉。想到这里，它决定去抢那块更大的肉。结果，它两块肉都没得到，水中那块本来就不存在，原有那块又被河水冲走了。这故事是说，这故事适用于贪婪的人。

6. 苍蝇与蜜

房间里有蜜漏出来，许多苍蝇便飞去饱餐起来。蜂蜜太甜美了，它们舍不得走。然而，就在这时它们的脚被蜜粘住，再也飞不起来了。它们后悔不已，嗡嗡乱叫："我们真不幸，因贪图一时的享受而丧了命。"这故事是说，对于许多人来说，贪婪是许多灾祸的根源。

7. 盲人和小野兽

一个盲人精于用手触摸各种动物，什么动物只要他一摸就能分辨出来。有个人带来一条小狼，请他摸一摸是什么。他摸了摸后说："这是一只狐狸，还是一条狼，我不大清楚。不过有一点我却十分明白，要是让这种动物跑进羊栏总是不安全的。"这故事是说，恶劣的习性在年小时便可得知。

第 6 章

诗文精选记忆方法讲解及训练

诗文既能提升文化素养，又能很好地提升大脑记忆能力，不管是哪个年龄阶段，在记忆能力的提高和素材的选择上都不会有太大的差别。我开始训练记忆力时，先后背诵了《道德经》《论语》等经典作品，又将 100 首古诗倒背如流，为后期的记忆成长之路打下坚实基础。

6.1 长篇古文记忆方法

短篇故事记忆学习，可以很好地提升想象力，提升抓重点、逻辑思维方面的能力，长篇古文则要更复杂一些。首先，在图像想象这块，需要理解每个词语的具体含义，才能想到代表的图像；其次，文章内容更长，逻辑线条更多，想要让逻辑线不超过三条，就需要借助其他的工具辅助记忆了，比如导图或者记忆宫殿；最后，在关键词的选择上会更加困难，但还是和上面记忆短篇故事一样，一般优先选择图像词。所以接下来的古诗文记忆，我们涉及的记忆方法会更加复杂多变，具体运用哪些方法，可以根据文章本身的特性来选择。

6.1.1 《茅屋为秋风所破歌》

茅屋为秋风所破歌

唐　杜甫

八月秋高风怒号，卷我屋上三重茅。茅飞渡江洒江郊，高者挂罥(juàn)长林梢，下者飘转沉塘坳。

南村群童欺我老无力，忍能对面为盗贼，公然抱茅入竹去。唇焦口燥呼不得，归来倚杖自叹息。

俄顷风定云墨色，秋天漠漠向昏黑。布衾多年冷似铁，娇儿恶卧踏里裂。床头屋漏无干处，雨脚如麻未断绝。自经丧乱少睡眠，长夜沾湿何由彻？

安得广厦千万间，大庇天下寒士俱欢颜！风雨不动安如山。呜呼！何时眼前突兀见此屋，吾庐独破受冻死亦足！

1. 先理解再想象

古文相对寓言故事或者现代文理解起来会困难点，这时候需要先通读一遍，把不理解的词语和句子画出来，借助工具书和网络了解其含义，在正确理解的基础上想象具体图像，提高第一遍记忆的效率。

2. 分层次，厘清逻辑

这篇文章主要分成四个部分：第一部分讲述秋分怒号，把屋顶的茅草吹走，风吹茅草掉到不同的地方；第二部分讲述随着茅草吹出，作者也出来看外面的情形及遭遇的一些事情，群童欺我、抢我茅草、唇焦口燥、独自叹息；第三部分讲述作者重新回到屋子里，看到现在的生活现状，从天气、被子、屋漏及睡眠情况反映生活的凄凉；第四部分寄托美好的愿望，希望和自己一样的寒士有房住有笑脸，哪怕自己独自住破屋也无所谓。

3. 绘制关键词导图

有逻辑、有顺序、有框架，记忆才能更持久有效，并且内化为自己学习体系中的一部分。文中的层次、逻辑及关键词用导图的模式视觉化展示出来，有利于脑海图像的清晰化，同时进一步提升逻辑思维能力。选择关键词结构图的词语时尽量选择原文词语，这样便于记忆。如果没有恰当的词语可以自己总结一些词语。如下图：

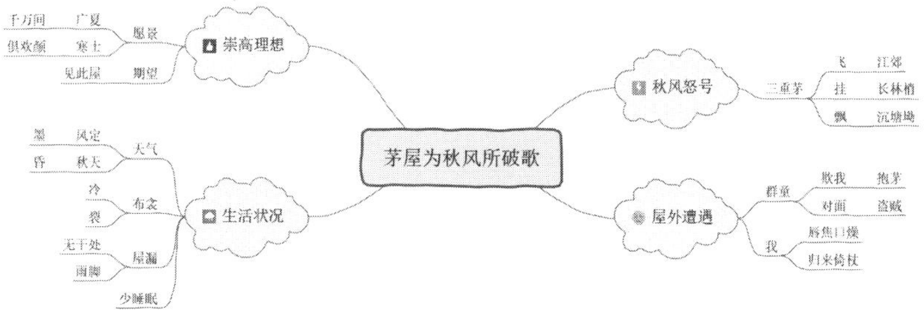

4. 分析总结

①古文记忆最大的难点在于不理解内容，所以在开始阶段，一定要学会

使用各种工具帮助自己提升古文理解能力。

②记忆的基础是词语的记忆能力和文章的理解能力，着重强调练习、不断精进才是真正的提高。

③关键词导图可以用铅笔快速画一遍，然后闭目想象。要想记忆效果好，一定要动笔、动手、动脑才能达到高效的记忆目的。

④强调正确的练习比单纯了解方法更重要，练习会成为大脑的习惯和能力，方法只是代表你知道，不代表你掌握，这也是本书最核心的部分。

5. 闭目回忆和复述

6.1.2 《卖炭翁》

卖炭翁

唐　白居易

卖炭翁，伐薪烧炭南山中。

满面尘灰烟火色，两鬓 (bìn) 苍苍十指黑。

卖炭得钱何所营？身上衣裳口中食。

可怜身上衣正单，心忧炭贱愿天寒。

夜来城外一尺雪，晓驾炭车辗 (niǎn) 冰辙。

牛困人饥日已高，市南门外泥中歇。

翩翩两骑来是谁？黄衣使者白衫儿。

手把文书口称敕 (chì)，回车叱牛牵向北。

一车炭，千余斤，宫使驱将惜不得。

半匹红绡 (xiāo) 一丈绫，系向牛头充炭直。

1. 先理解再想象

伐：砍伐。薪：柴。南山：城南之山。烟火色：烟熏色的脸。辗：同

“碾”，压。辙：车轮滚过地面辗出的痕迹。翩翩：轻快洒脱的状态。这里形容得意忘形的样子。黄衣使者白衫儿：黄衣使者，指皇宫内的太监。白衫儿，指太监手下的爪牙。敕：皇帝的命令或诏书。叱：呵斥。系：绑扎。这里是挂的意思。直：通“值”，指价格。

2. 分层次，厘清逻辑

全诗分为四个部分。第一部分介绍卖炭翁怎样艰苦的从南山获取炭的，外貌的描写也强调了工作的辛苦，满面尘灰、两鬓苍苍及十指黑。

第二部分介绍碳的用途，身上衣裳和口中食，最基本的生存要素。

第三部分对卖炭价格的担忧，并且叙述拉碳去卖的过程，主要是按照时间顺序，从晚上、天明、日已高、泥中歇。

第四部分讲述卖炭的遭遇，宫里两太监口传圣旨，把牛和炭都拉去皇宫，只给了半匹红绡、一丈绫。

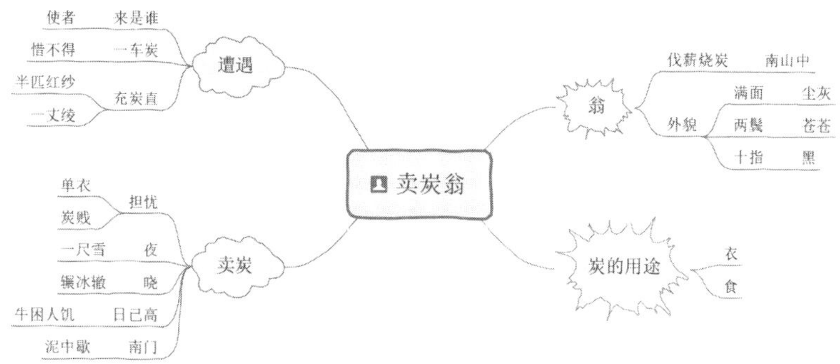

3. 分析总结

融入自身情感去读感情比较强烈的文章，记忆会更加深刻。想象画面时就想像自己在那情景之中，情感体验、记忆都会异常深刻。

4. 闭目回忆和复述

6.1.3 《蒹葭》

蒹葭

《诗经》

蒹 (jiān) 葭 (jiā) 苍苍，白露为霜。所谓伊人，在水一方。

溯 (sù) 洄 (huí) 从之，道阻且长。溯游从之，宛在水中央。

蒹葭萋萋，白露未晞 (xī)。所谓伊人，在水之湄 (méi)。

溯洄从之，道阻且跻 (jī)。溯游从之，宛在水中坻 (chí)。

蒹葭采采，白露未已。所谓伊人，在水之涘 (sì)。

溯洄从之，道阻且右。溯游从之，宛在水中沚 (zhǐ)。

1. 先理解再想象

蒹：没有长穗的芦苇。葭：初生的芦苇。苍苍：茂盛的样子。溯洄：逆流而上。溯游：在河边顺序向下游走。

晞：晒干。湄：水和草交接之处，指岸边。跻：升高，这里形容道路又陡又高。坻：水中的小洲或高地。涘：水边。沚：水中的小块陆地。

2. 分层次，厘清逻辑

全诗分成三个部分，逻辑简单，比较适合用画图的方法来记忆。画图的过程也是把诗文中出现的图像进行视觉转化的过程，更能快速高效记忆。

3. 绘制关键图像

“苍苍”“萋萋”“采采”三个词语都是形容蒹葭，但是三个词语的意思都是茂盛的样子，在理解的前提下，为了区别记忆，图像也就需要一些区别。苍苍是茂盛的样子；萋萋就七八个点；采采，用一个手套去采摘。

“方”“湄”“涘”三个词语形容伊人在水的不同方位，但是这三个词语认真分析，也是一个意思，就是在水边上。也可以使用前面学习的抽象词记忆法，谐音或者代替，这个记忆效果更快。

“溯(sù)洄”：逆流而上，所以三个图片都是逆着水流方向游泳。“长”“跻”“右”这三个意思不一样，可以根据意思想象，也可以用抽象词转换，两种方法都可以。第一个图是游的长；第二个图根据意思是上升，但是根据谐音是拥挤，所以多画一个人；第三个图“右”是曲折，这里图像显示直接靠右边游泳。

“溯游”：顺流而下，所以三个图片都是顺着水流方向。“中央”“坻”“沚”分别是代表在水的中央、水中高地和水中绿洲。“坻”“沚”这两个字容易混乱，可以用谐音法区分先后顺序，比如“直尺”。

4. 分析总结

画图记忆，留意每个词语从意思到联想的不同，注意区分脑中图像，把握几个关键词，记忆起来就会很轻松。

5. 闭目回忆和复述

6.2 多训练是王道

短文及古诗文记忆是强化联想能力、词语快速记忆、数字编码运用、记忆宫殿的运用、思维能力和找重点能力训练的重要步骤。训练基础的数字、扑克、词语等内容后再来记忆古诗文、长篇文章其实相对简单。

下面给大家提供的这些训练题，都是我已经背诵下来的，不管是长的还是短的古诗文，都是为了尽可能满足一些在校学子的记忆需求。其他学习者同样可以把古诗词作为基本的记忆训练材料。

我按照年级划分，找出每个年级代表作。根据古诗长短的不同提供一些记忆方案提示，比如有的古诗会画出逻辑关键导图，有的适合用宫殿，有的适合用数字编码，当然还有更多短的古诗直接使用画图记忆或者关键语串联。

6.2.1 训练要求

首先，记录记忆一首古诗词所需时间，对自己的记忆速度有一个清晰的了解。其次，要学会使用笔记，记录训练成果。最后，适当扩展自己的记忆量，从简单到复杂，从低年级到高年级都要训练。

6.2.2 训练目标

训练量最好可以达到 70 首以上，量足够多，才可以找到更多的规律。速度提升至少在三倍及以上，很多四句短诗词可以控制在 1 ～ 2 分钟记忆下来。长篇古诗多用宫殿和数字编码，古文多用关键导图。

6.2.3 不同年龄段诗词训练及提示

1. 一年级至三年级在册诗词训练及提示

咏鹅

唐　骆宾王

鹅，鹅，鹅，曲项向天歌。

白毛浮绿水，红掌拨清波。

记忆提示：画图记忆

悯农

唐　李绅

锄禾日当午，汗滴禾下土。

谁知盘中餐，粒粒皆辛苦。

记忆提示：画图记忆

春晓

唐　孟浩然

春眠不觉晓，处处闻啼鸟。

夜来风雨声，花落知多少。

记忆提示：画图记忆

赠汪伦

唐　李白

李白乘舟将欲行，忽闻岸上踏歌声。

桃花潭水深千尺，不及汪伦送我情。

记忆提示：画图记忆

池上

唐　白居易

小娃撑小艇 (tǐng)，偷采白莲回。

不解藏踪迹，浮萍一道开。

记忆提示：画图记忆

梅花

宋　王安石

墙角数枝梅，凌寒独自开。

遥知不是雪，为有暗香来。

记忆提示：画图记忆

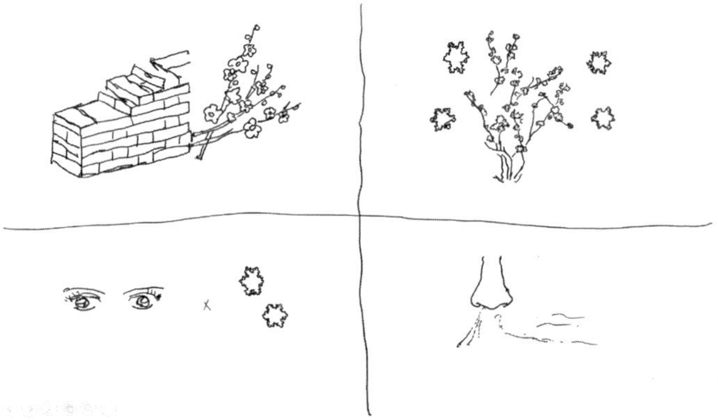

小儿垂钓

唐　胡令能

蓬头稚 (zhì) 子学垂纶 (lún)，侧坐莓 (méi) 苔草映身。

路人借问遥 (yáo) 招手，怕得鱼惊不应人。

记忆提示：画图记忆

登鹳雀楼

唐　王之涣

白日依山尽，黄河入海流。

欲穷千里目，更上一层楼。

记忆提示：画图记忆

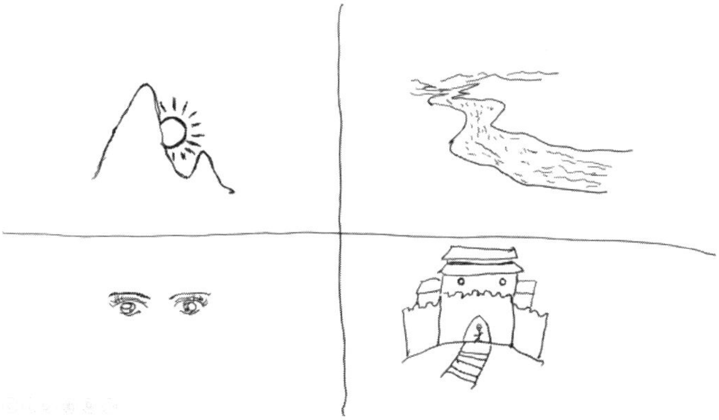

望庐山瀑布

唐　李白

日照香炉生紫烟，遥看瀑布挂前川。

飞流直下三千尺，疑是银河落九天。

记忆提示：画图记忆

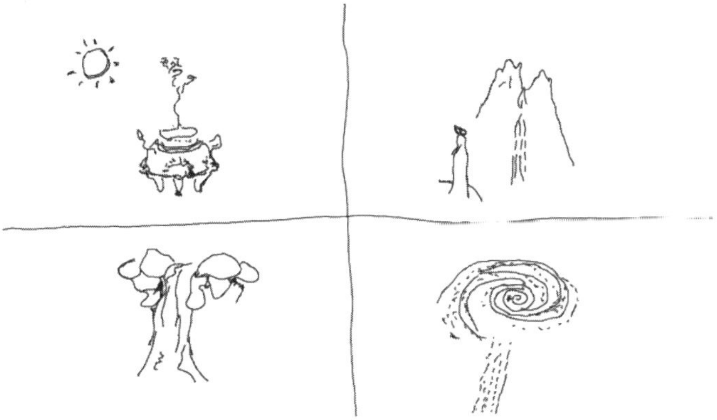

江雪

唐　柳宗元

千山鸟飞绝，万径 (jìng) 人踪灭。

孤舟蓑 (suō) 笠 (lì) 翁，独钓寒江雪。

记忆提示：画图记忆

村居

清　高鼎

草长莺飞二月天，拂堤杨柳醉春烟。

儿童散学归来早，忙趁东风放纸鸢。

记忆提示：画图记忆

晓出净慈寺送林子方

宋　杨万里

毕竟西湖六月中，风光不与四时同。

接天莲叶无穷碧，映日荷花别样红。

记忆提示：画图记忆

绝句

唐　杜甫

两个黄鹂鸣翠柳，一行白鹭上青天。

窗含西岭千秋雪，门泊东吴万里船。

记忆提示：画图记忆

悯农

唐　李绅

春种一粒粟 (sù)，秋收万颗子。

四海无闲田，农夫犹饿死。

记忆提示：画图记忆

山行

唐　杜牧

远上寒山石径斜，白云深处有人家。

停车坐爱枫林晚，霜叶红于二月花。

记忆提示：画图记忆

赠刘景文

宋　苏轼

荷尽已无擎（qíng）雨盖，菊残犹有傲霜枝。

一年好景君须记，最是橙黄橘绿时。

记忆提示：画图记忆

夜书所见

宋　叶绍翁

萧萧梧叶送寒声，江上秋风动客情。

知有儿童挑促织，夜深篱落一灯明。

记忆提示：画图记忆

早发白帝城

唐　李白

朝辞白帝彩云间，千里江陵一日还。

两岸猿声啼不住，轻舟已过万重山。

记忆提示：画图记忆

采莲曲

唐　王昌龄

荷叶罗裙一色裁，芙蓉向脸两边开。

乱入池中看不见，闻歌始觉有人来。

记忆提示：画图记忆

绝句

唐　杜甫

迟日江山丽，春风花草香。

泥融飞燕子，沙暖睡鸳鸯。

记忆提示：画图记忆

惠崇春江晚景

宋　苏轼

竹外桃花三两枝，春江水暖鸭先知。

蒌蒿满地芦芽短，正是河豚欲上时。

记忆提示：画图记忆

三衢道中

宋　曾几

梅子黄时日日晴，小溪泛尽却山行。

绿阴不减来时路，添得黄鹂四五声。

记忆提示：画图记忆

元日

宋　王安石

爆竹声中一岁除，春风送暖入屠苏。

千门万户曈曈日，总把新桃换旧符。

记忆提示：画图记忆

清明

唐　杜牧

清明时节雨纷纷，路上行人欲断魂。

借问酒家何处有，牧童遥指杏花村。

记忆提示：画图记忆

滁州西涧

唐　韦应物

独怜幽草涧边生，上有黄鹂深树鸣。

春潮带雨晚来急，野渡无人舟自横。

记忆提示：画图记忆

2. 四年级至六年级在册诗词训练及提示

题西林壁

宋　苏轼

横看成岭侧成峰，远近高低各不同。

不识庐山真面目，只缘身在此山中。

记忆提示：画图记忆

游山西村

宋　陆游

莫笑农家腊酒浑，丰年留客足鸡豚。

山重水复疑无路，柳暗花明又一村。

记忆提示：画图记忆

黄鹤楼送孟浩然之广陵

唐　李白

故人西辞黄鹤楼，烟花三月下扬州。

孤帆远影碧空尽，唯见长江天际流。

记忆提示：画图记忆

送元二使安西

唐　王维

渭城朝雨浥轻尘，客舍青青柳色新。

劝君更尽一杯酒，西出阳关无故人。

记忆提示：画图记忆

过故人庄

唐　孟浩然

故人具鸡黍，邀我至田家。

绿树村边合，青山郭外斜。

开轩面场圃，把酒话桑麻。

待到重阳日，还来就菊花。

记忆提示：画图记忆

四时田园杂兴

宋　范成大

梅子金黄杏子肥，麦花雪白菜花稀。

日长篱落无人过，惟有蜻蜓蛱蝶飞。

记忆提示：画图记忆

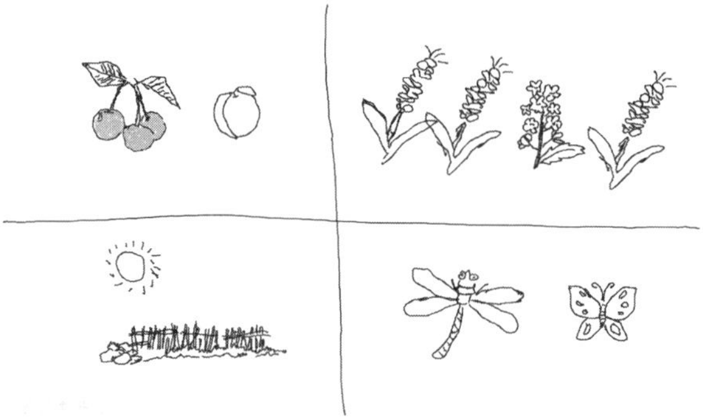

秋思

唐　张籍

洛阳城里见秋风，欲作家书意万重。

复恐匆匆说不尽，行人临发又开封。

记忆提示：画图记忆

长相思

清　纳兰性德

山一程，水一程，

身向榆关那畔行，夜深千帐灯。

风一更，雪一更，

聒碎乡心梦不成，故园无此声。

记忆提示：画图记忆

七律·长征

毛泽东

红军不怕远征难，万水千山只等闲。

五岭逶迤腾细浪，乌蒙磅礴走泥丸。

金沙水拍云崖暖，大渡桥横铁索寒。

更喜岷山千里雪，三军过后尽开颜。

记忆提示：画图及关键词联想。红军、水山、五岭、乌蒙、金沙水、大渡桥、岷山、三军。

牧童

唐　吕岩

草铺横野六七里，笛弄晚风三四声。

归来饱饭黄昏后，不脱蓑 (suō) 衣卧月明。

记忆提示：画图记忆

舟过安仁

宋　杨万里

一叶渔船两小童，收篙停棹坐船中。

怪生无雨都张伞，不是遮头是使风。

记忆提示：画图记忆

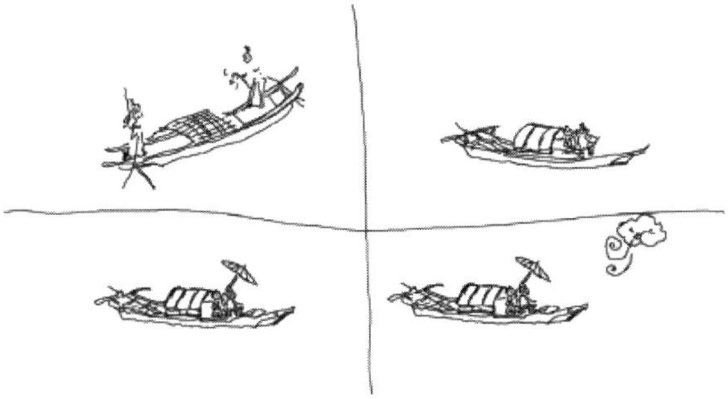

清平乐·村居

宋　辛弃疾

茅檐低小，溪上青青草。

醉里吴音相媚好，白发谁家翁媪？

大儿锄豆溪东，中儿正织鸡笼。

最喜小儿亡赖，溪头卧剥莲蓬。

记忆提示：画图记忆

春夜喜雨

唐　杜甫

好雨知时节，当春乃发生。

随风潜入夜，润物细无声。

野径云俱黑，江船火独明。

晓看红湿处，花重锦官城。

记忆提示：画图或关键词联想。雨、春、风、物、径、船、晓、花。

西江月·夜行黄沙道中

宋　辛弃疾

明月别枝惊鹊，清风半夜鸣蝉。

稻花香里说丰年，听取蛙声一片。

七八个星天外，两三点雨山前。

旧时茅店社林边，路转溪桥忽见。

记忆提示：画图或关键词联想。明月、清风、稻花、蛙声、星天、雨山、茅店、溪桥。

天竺寺八月十五日夜桂子

唐　皮日休

玉颗珊珊下月轮，殿前拾得露华新。

至今不会天中事，应是嫦娥掷与人。

记忆提示：画图记忆

鸟鸣涧

唐　王维

人闲桂花落，夜静春山空。

月出惊山鸟，时鸣春涧中。

记忆提示：画图记忆

芙蓉楼送辛渐

唐　王昌龄

寒雨连江夜入吴，平明送客楚山孤。

洛阳亲友如相问，一片冰心在玉壶。

记忆提示：画图记忆

江畔独步寻花

唐　杜甫

黄四娘家花满蹊，千朵万朵压枝低。

留连戏蝶时时舞，自在娇莺恰恰啼。

记忆提示：画图记忆

闻官军收河南河北

唐　杜甫

剑外忽传收蓟北，初闻涕泪满衣裳。

却看妻子愁何在，漫卷诗书喜欲狂。

白日放歌须纵酒，青春作伴好还乡。

即从巴峡穿巫峡，便下襄阳向洛阳。

记忆提示：绘制关键导图或者关键词。联想、忽传、初闻、却看、漫卷、放歌、还乡、穿、下。

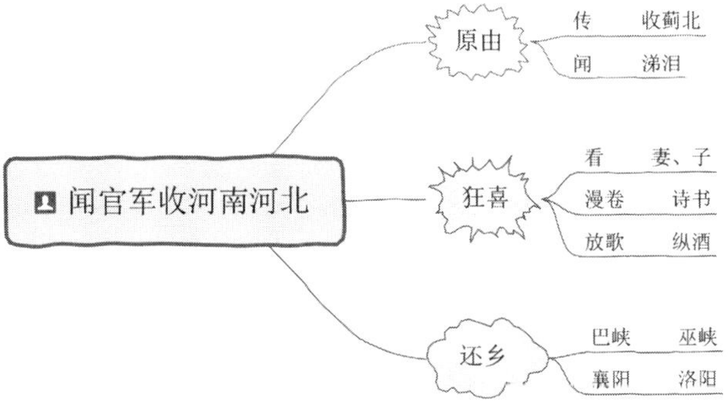

己亥杂诗·其二百二十

清　龚自珍

九州生气恃风雷，万马齐喑究可哀。

我劝天公重抖擞，不拘一格降人才。

记忆提示：画图记忆

浣溪沙·游蕲水清泉寺

宋　苏轼

（游蕲水清泉寺，寺临兰溪，溪水西流。）

山下兰芽短浸溪，松间沙路净无泥，潇潇暮雨子规啼。

谁道人生无再少？门前流水尚能西！休将白发唱黄鸡。

记忆提示：画图记忆或关键词联想。兰芽、沙路、子规、人生、流水、黄鸡。

3. 七年级至九年级在册诗词训练及提示

行军九日思长安故园

唐　岑参

强欲登高去，无人送酒来。

遥怜故园菊，应傍战场开。

记忆提示：画图记忆

夜上受降城闻笛

唐　李益

回乐峰前沙似雪，受降城外月如霜。

不知何处吹芦管，一夜征人尽望乡。

记忆提示：画图记忆

竹里馆

唐　王维

独坐幽篁里，弹琴复长啸。

深林人不知，明月来相照。

记忆提示：画图记忆

逢入京使

唐　岑参

故园东望路漫漫，双袖龙钟泪不干。

马上相逢无纸笔，凭君传语报平安。

记忆提示：画图记忆

野望

唐　王绩

东皋薄暮望，徙倚欲何依。

树树皆秋色，山山唯落晖。

牧人驱犊返，猎马带禽归。

相顾无相识，长歌怀采薇。

记忆提示：画图记忆或关键词联想。暮望、何依、树、山、牧人、猎马、相顾、长歌。

黄鹤楼

唐　崔颢

昔人已乘黄鹤去，此地空余黄鹤楼。

黄鹤一去不复返，白云千载空悠悠。

晴川历历汉阳树，芳草萋萋鹦鹉洲。

日暮乡关何处是？烟波江上使人愁。

记忆提示：画图记忆或关键词联想。昔人、此地、黄鹤、白云、汉阳树、鹦鹉洲、乡关、江上。

渡荆门送别

唐　李白

渡远荆门外，来从楚国游。

山随平野尽，江入大荒流。

月下飞天镜，云生结海楼。

仍怜故乡水，万里送行舟。

记忆提示：画图记忆或关键词联想。荆门、楚国、山、江、月、云、水、舟。

钱塘湖春行

唐　白居易

孤山寺北贾亭西，水面初平云脚低。

几处早莺争暖树，谁家新燕啄春泥。

乱花渐欲迷人眼，浅草才能没马蹄。

最爱湖东行不足，绿杨阴里白沙堤。

记忆提示：画图记忆或关键词联想。孤山、水面、早莺、新燕、乱花、浅草、湖东、白沙堤。

庭中有奇树

两汉　佚名

庭中有奇树，绿叶发华滋。

攀条折其荣，将以遗所思。

馨香盈怀袖，路远莫致之。

此物何足贵，但感别经时。

记忆提示：画图记忆或关键词联想。树、叶、条、思、香、路、贵、别。

龟虽寿

两汉　曹操

神龟虽寿，犹有竟时。

滕蛇乘雾，终为土灰。

老骥伏枥，志在千里。

烈士暮年，壮心不已。

盈缩之期，不但在天；

养怡之福，可得永年。

幸甚至哉，歌以咏志。

记忆提示：关键导图

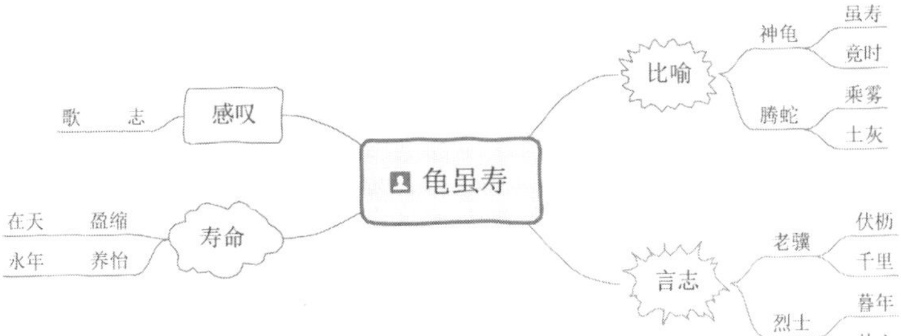

梁甫行

两汉　曹植

八方各异气，千里殊风雨。

剧哉边海民，寄身于草野。

妻子象禽兽，行止依林阻。

柴门何萧条，狐兔翔我宇。

记忆提示：画图记忆或关键词联想。异气、风雨、海民、草野、妻子、林阻、柴门、狐兔。

春望

唐　杜甫

国破山河在，城春草木深。

感时花溅泪，恨别鸟惊心。

烽火连三月，家书抵万金。

白头搔更短，浑欲不胜簪。

记忆提示：关键导图或关键词联想。国、城、花、鸟、烽火、家书、白头、簪。

雁门太守行

唐　李贺

黑云压城城欲摧，甲光向日金鳞开。

角声满天秋色里，塞上燕脂凝夜紫。

半卷红旗临易水，霜重鼓寒声不起。

报君黄金台上意，提携玉龙为君死！

记忆提示：关键导图或关键词联想。黑云、甲光、角声、燕脂、红旗、鼓、报君、为君死。

渔家傲

宋　李清照

天接云涛连晓雾，星河欲转千帆舞。仿佛梦魂归帝所。

闻天语，殷勤问我归何处。

我报路长嗟日暮，学诗谩有惊人句。九万里风鹏正举。

风休住，蓬舟吹取三山去。

记忆提示：关键导图或关键词联想。天云、星河、帝所、天语、问我、路长、惊人句、九万里、风、舟、三山。

送杜少府之任蜀州

唐　王勃

城阙辅三秦，风烟望五津。

与君离别意，同是宦游人。

海内存知己，天涯若比邻。

无为在歧路，儿女共沾巾。

记忆提示：画图记忆或关键词联想。三秦、五津、君、游人、海内、天涯、歧路、沾巾。

望洞庭湖赠张丞相

唐　孟浩然

八月湖水平，涵虚混太清。

气蒸云梦泽，波撼岳阳城。

欲济无舟楫，端居耻圣明。

坐观垂钓者，徒有羡鱼情。

记忆提示：画图记忆或关键词联想。湖水、涵虚、气、波、舟楫、圣明、垂钓者、羡鱼情。

题破山寺后禅院

唐　常建

清晨入古寺，初日照高林。

曲径通幽处，禅房花木深。

山光悦鸟性，潭影空人心。

万籁此都寂，但余钟磬音。

记忆提示：画图记忆或关键词联想。古寺、高林、曲径、禅房、山光、潭影、寂、磬音。

送友人

唐　李白

青山横北郭，白水绕东城。

此地一为别，孤蓬万里征。

浮云游子意，落日故人情。

挥手自兹去，萧萧班马鸣。

记忆提示：画图记忆或关键词联想。青山、白水、别、征、游子、故人、挥手、马鸣。

卜算子·咏梅

宋 陆游

驿外断桥边，寂寞开无主。已是黄昏独自愁，更著风和雨。

无意苦争春，一任群芳妒。零落成泥碾作尘，只有香如故。

记忆提示： 画图记忆或关键词联想。断桥、无主、黄昏、风雨、争、妒、尘、香。

沁园春·雪

毛泽东

北国风光，千里冰封，万里雪飘。望长城内外，惟余莽莽；大河上下，顿失滔滔。山舞银蛇，原驰蜡象，欲与天公试比高。须晴日，看红装素裹，分外妖娆。

江山如此多娇，引无数英雄竞折腰。惜秦皇汉武，略输文采；唐宗宋祖，稍逊风骚。一代天骄，成吉思汗，只识弯弓射大雕。俱往矣，数风流人物，还看今朝。

记忆提示：关键导图

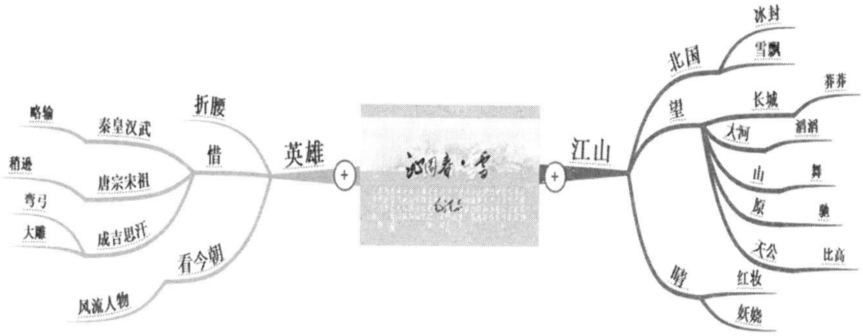

酬乐天扬州初逢席上见赠

唐　刘禹锡

巴山楚水凄凉地，二十三年弃置身。

怀旧空吟闻笛赋，到乡翻似烂柯人。

沉舟侧畔千帆过，病树前头万木春。

今日听君歌一曲，暂凭杯酒长精神。

记忆提示：画图记忆或者关键词联想。巴山楚水、二十三年、闻笛赋、烂柯人、千帆过、万木春、歌、酒。

水调歌头·明月几时有

宋　苏轼

明月几时有？把酒问青天。不知天上宫阙，今夕是何年？我欲乘风归去，又恐琼楼玉宇，高处不胜寒。起舞弄清影，何似在人间？

转朱阁，低绮户，照无眠。不应有恨，何事长向别时圆？人有悲欢离合，月有阴晴圆缺，此事古难全。但愿人长久，千里共婵娟。

记忆提示：关键导图

月夜忆舍弟

唐　杜甫

戍鼓断人行，边秋一雁声。

露从今夜白，月是故乡明。

有弟皆分散，无家问死生。

寄书长不达，况乃未休兵。

记忆提示：画图记忆或关键词联想。人、雁、露、月、有弟、无家、书、兵。

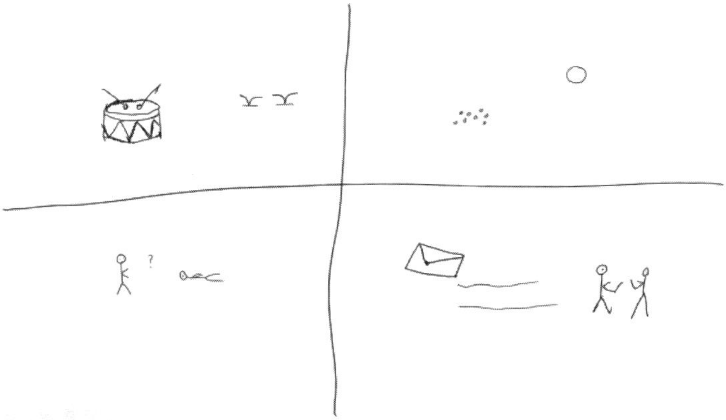

长沙过贾谊宅

唐　刘长卿

三年谪宦此栖迟，万古惟留楚客悲。

秋草独寻人去后，寒林空见日斜时。

汉文有道恩犹薄，湘水无情吊岂知。

寂寂江山摇落处，怜君何事到天涯。

记忆提示：画图记忆或关键词联想。谪宦、楚客、秋草、寒林、汉文、湘水、江山、天涯。

左迁至蓝关示侄孙湘

唐　韩愈

一封朝奏九重天，夕贬潮州路八千。

欲为圣明除弊事，肯将衰朽惜残年！

云横秦岭家何在？雪拥蓝关马不前。

知汝远来应有意，好收吾骨瘴江边。

记忆提示：画图记忆或关键词联想。朝奏、夕贬、圣明、衰朽、家何在、马不前、知汝、吾骨。

商山早行

唐　温庭筠

晨起动征铎，客行悲故乡。

鸡声茅店月，人迹板桥霜。

槲叶落山路，枳花明驿墙。

因思杜陵梦，凫雁满回塘。

记忆提示：画图记忆或关键词联想。晨起、客行、鸡声、人迹、槲叶、枳花、梦、凫雁。

咸阳城东楼

唐　许浑

一上高城万里愁，蒹葭杨柳似汀洲。

溪云初起日沉阁，山雨欲来风满楼。

鸟下绿芜秦苑夕，蝉鸣黄叶汉宫秋。

行人莫问当年事，故国东来渭水流。

记忆提示：画图记忆或关键词联想。高城、汀洲、溪云、山雨、鸟、蝉、行人、故国。

无题

唐　李商隐

相见时难别亦难，东风无力百花残。

春蚕到死丝方尽，蜡炬成灰泪始干。

晓镜但愁云鬓改，夜吟应觉月光寒。

蓬山此去无多路，青鸟殷勤为探看。

记忆提示：画图记忆或关键词联想、难、残、春蚕、蜡炬、云鬓、月光、蓬山、青鸟。

江城子·密州出猎

宋　苏轼

老夫聊发少年狂，左牵黄，右擎苍，锦帽貂裘，千骑卷平冈。

为报倾城随太守，亲射虎，看孙郎。

酒酣胸胆尚开张，鬓微霜，又何妨！持节云中，何日遣冯唐？

会挽雕弓如满月，西北望，射天狼。

记忆提示：画图记忆

定风波·莫听穿林打叶声

宋　苏轼

莫听穿林打叶声，何妨吟啸且徐行。竹杖芒鞋轻胜马，谁怕？一蓑烟雨任平生。

料峭春风吹酒醒，微冷，山头斜照却相迎。回首向来萧瑟处，归去，也无风雨也无晴。

记忆提示：画图记忆

十五从军征

两汉　佚名

十五从军征，八十始得归。

道逢乡里人："家中有阿谁？"

"遥看是君家，松柏冢累累。"

兔从狗窦入，雉从梁上飞。

中庭生旅谷，井上生旅葵。

舂谷持作饭，采葵持作羹。

羹饭一时熟，不知饴阿谁。

出门东向看，泪落沾我衣。

记忆提示：关键导图

白雪歌送武判官归京

唐　岑参

北风卷地白草折，胡天八月即飞雪。
忽如一夜春风来，千树万树梨花开。
散入珠帘湿罗幕，狐裘不暖锦衾薄。
将军角弓不得控，都护铁衣冷难着。
瀚海阑干百丈冰，愁云惨淡万里凝。
中军置酒饮归客，胡琴琵琶与羌笛。
纷纷暮雪下辕门，风掣红旗冻不翻。
轮台东门送君去，去时雪满天山路。
山回路转不见君，雪上空留马行处。

记忆提示：关键导图

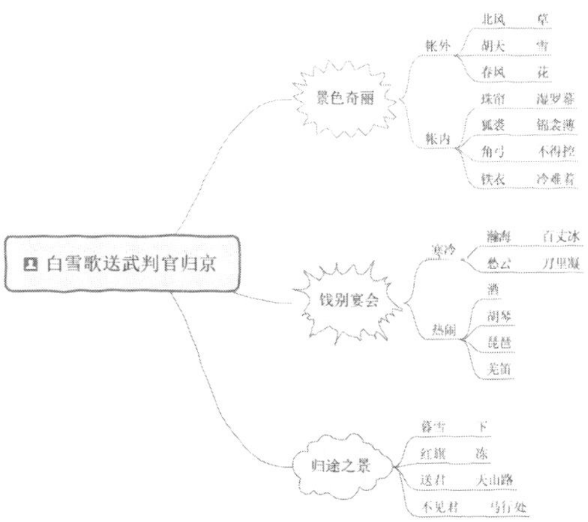

南乡子·登京口北固亭有怀

宋　辛弃疾

何处望神州？满眼风光北固楼。千古兴亡多少事？悠悠。不尽长江滚滚流。

年少万兜鍪(móu)，坐断东南战未休。天下英雄谁敌手？曹刘。生子当如孙仲谋。

记忆提示：画图记忆

过零丁洋

宋　文天祥

辛苦遭逢起一经，干戈寥落四周星。

山河破碎风飘絮，身世浮沉雨打萍。

惶恐滩头说惶恐，零丁洋里叹零丁。

人生自古谁无死？留取丹心照汗青。

记忆提示：关键导图

春江花月夜

唐　张若虚

春江潮水连海平，海上明月共潮生。
滟滟随波千万里，何处春江无月明！
江流宛转绕芳甸，月照花林皆似霰。
空里流霜不觉飞，汀上白沙看不见。
江天一色无纤尘，皎皎空中孤月轮。
江畔何人初见月？江月何年初照人？
人生代代无穷已，江月年年只相似。
不知江月待何人，但见长江送流水。
白云一片去悠悠，青枫浦上不胜愁。
谁家今夜扁舟子？何处相思明月楼？
可怜楼上月徘徊，应照离人妆镜台。
玉户帘中卷不去，捣衣砧上拂还来。
此时相望不相闻，愿逐月华流照君。
鸿雁长飞光不度，鱼龙潜跃水成文。
昨夜闲潭梦落花，可怜春半不还家。
江水流春去欲尽，江潭落月复西斜。
斜月沉沉藏海雾，碣石潇湘无限路。
不知乘月几人归，落月摇情满江树。

记忆提示：记忆宫殿法记忆，如下图，提供18个地点桩，或者自己找18个熟悉的桩子。

琵琶行

唐　白居易

浔阳江头夜送客，枫叶荻花秋瑟瑟。

主人下马客在船，举酒欲饮无管弦。

醉不成欢惨将别，别时茫茫江浸月。

忽闻水上琵琶声，主人忘归客不发。

寻声暗问弹者谁，琵琶声停欲语迟。

移船相近邀相见，添酒回灯重开宴。

千呼万唤始出来，犹抱琵琶半遮面。

转轴拨弦三两声，未成曲调先有情。

弦弦掩抑声声思，似诉平生不得志。

低眉信手续续弹，说尽心中无限事。

轻拢慢捻抹复挑，初为《霓裳》后《六幺》。

大弦嘈嘈如急雨，小弦切切如私语。

嘈嘈切切错杂弹，大珠小珠落玉盘。

间关莺语花底滑，幽咽泉流冰下难。

冰泉冷涩弦凝绝，凝绝不通声暂歇。

别有幽愁暗恨生，此时无声胜有声。
银瓶乍破水浆迸，铁骑突出刀枪鸣。
曲终收拨当心画，四弦一声如裂帛。
东船西舫悄无言，唯见江心秋月白。
沉吟放拨插弦中，整顿衣裳起敛容。
自言本是京城女，家在虾蟆陵下住。
十三学得琵琶成，名属教坊第一部。
曲罢曾教善才服，妆成每被秋娘妒。
五陵年少争缠头，一曲红绡不知数。
钿头银篦击节碎，血色罗裙翻酒污。
今年欢笑复明年，秋月春风等闲度。
弟走从军阿姨死，暮去朝来颜色故。
门前冷落鞍马稀，老大嫁作商人妇。
商人重利轻别离，前月浮梁买茶去。
去来江口守空船，绕船月明江水寒。
夜深忽梦少年事，梦啼妆泪红阑干。
我闻琵琶已叹息，又闻此语重唧唧。
同是天涯沦落人，相逢何必曾相识！
我从去年辞帝京，谪居卧病浔阳城。
浔阳地僻无音乐，终岁不闻丝竹声。
住近湓江地低湿，黄芦苦竹绕宅生。
其间旦暮闻何物？杜鹃啼血猿哀鸣。
春江花朝秋月夜，往往取酒还独倾。
岂无山歌与村笛，呕哑嘲哳难为听。
今夜闻君琵琶语，如听仙乐耳暂明。

莫辞更坐弹一曲，为君翻作《琵琶行》。

感我此言良久立，却坐促弦弦转急。

凄凄不似向前声，满座重闻皆掩泣。

座中泣下谁最多？江州司马青衫湿。

记忆提示：数字编码每一句关键词或关键图像联结。

关注“超级脑力训练”公众号，回复对应古诗名，获得更多古诗词记忆方法、训练及讲解材料。

6.2.4 古诗词训练方法总结

1. 关于画图记忆法

①画图记忆是把脑海中的图像进行视觉转化，并且在绘制过程中加深对图像的理解和联想，达到快速记忆的目的。这是非常好的图像记忆方法之一，简单实用。

②画图记忆训练不分年龄大小。如果是第一次学习记忆法则需要从简单诗词入手，参考书中给出的方法，自己再模仿此方法尝试记忆。

③绘制过程中不要过度追求绘制的漂亮，其实当此方法越来越熟悉后，简单的几个线条就能表达出想要记忆的内容，最重要的是突出重点、找到关联点。

2. 关键词联想

①关键词的寻找方法主要有三个方面：一是一句话中想要重点突出的词语，二是图像感表达最为突出的词语，三是对上下文的图像和理解联结最为紧密的词语。

②关键词联想一般运用在中篇古诗词中。一方面训练抓重点的能力，另一方面训练联想能力。

③关键词联想的快慢和第一阶段的词语记忆能力有直接的联系，可以多多训练词语的联结能力。不同的是，第一阶段的词语记忆可以天马行空，诗词关键联想要求按照古诗的整体意境和背景进行发挥和创造，这有利于对古诗的了解和记忆。

3. 关键导图

①关键导图是在关键词基础上根据题材的长短，进一步理清他们垂直联想和平行联想的关系。并把这些关键词通过垂直线条和平行线条进行视觉化展示，从而达到更清晰的视觉化展示效果。

②关键导图除了基本的联想能力同时也在进一步考察对文章的整体逻辑理解，学习者可以在学习此诗词的基础上，寻找更多文章材料多多练习，效果会更好。

4. 数字编码记忆

①数字编码记忆的前提条件是要对100位以内的编码非常熟悉，知道每一个数字编码代表的图像才可以快速运用。数字编码在第一阶段的学习和训练中主要作为材料来记忆，在第二阶段可以作为大脑常识的一部分，达到以熟记新的效果。

②数字编码定桩和关联运用非常广泛，可以运用在学习、生活、工作的很多方面，并且可以重复使用，不会发生混淆。

③熟悉数字编码的程度需要像小时候学习九九乘法表一样，熟记后在后续的运用就会得心应手。

5. 记忆宫殿

记忆宫殿的运用很灵活，我们可以不断开发并寻找生活中熟悉的地方甚至记忆中曾经到过的地方，将其整理为记忆宫殿，帮助记忆新的知识。同时，能有效训练大脑的空间想象力，因为所有材料都会呈现在脑海中的一个虚拟宫殿或者路线中。当然，它非常适合记忆大量的材料。比如一本书、一段无序的材料甚至是一长串无序的字符都可以记忆很轻松。《最强大脑》中很多无法理解的图片，都是通过记忆宫殿记忆的。

很多成年人学习记忆，就是希望能够马上帮助自己处理工作上应急记忆的材料或者突击考试。记忆宫殿的帮助非常大，甚至在一定程度上可以帮助你“作弊”。如果第二天要考试，可以提前把知识点一个一个挂靠在桩上，尤其是问答题，效果很明显。第二天如果能早点到考场，可以快速把考场内的位置方位和摆设记忆下来，然后把一些重点的知识点直接挂靠在考场的物品上。当然前提还是需要对记忆宫殿有一些前期的学习和训练，后续才能更好地解决紧急问题。

后面的章节也会继续讲解不同记忆方法在各类考试、工作及生活中的运用。希望读者们紧跟步伐，掌握方法重视训练，真正做到学以致用。

第7章

易错字记忆

记忆力的关键是强大的想象能力，想象的核心就是脑中的图像。在词语记忆训练中，想象的难易程度取决于词语本身是否有具体的图像，比如老虎、狮子、桌子、湖泊、苹果、尺子等。当我们看到或听到这些词语时，脑海中就能同时出现这些词语所代表的图像，这些词一般被称为图像词。

同音不同字、同字不同音、偏旁部首相似、字形复杂等都会造成用词错误，怎样才能更轻松更快地记住、尽量减少出错率，是我们在学习中应该思考的问题。

7.1 掌握汉字的“形、音、义”是联想记忆的基础

联想记忆的本质是以熟记新，在熟悉的材料上进行扩展、联结，这样的记忆才是有根可寻、无限延展的。汉字的形、音、义都是基础知识，掌握好这三者才能为联想记忆打下基础。

7.1.1 象形法

汉字是象形文字，根据客观事物的外表形象，用简单的线条笔画将其突出特点描述出来，使它成为代表这个客观事物的代表符号。比如一些常见的基础汉字：口、身、耳、手、山、田、井、水、火、云、电、雨、伞、门等。

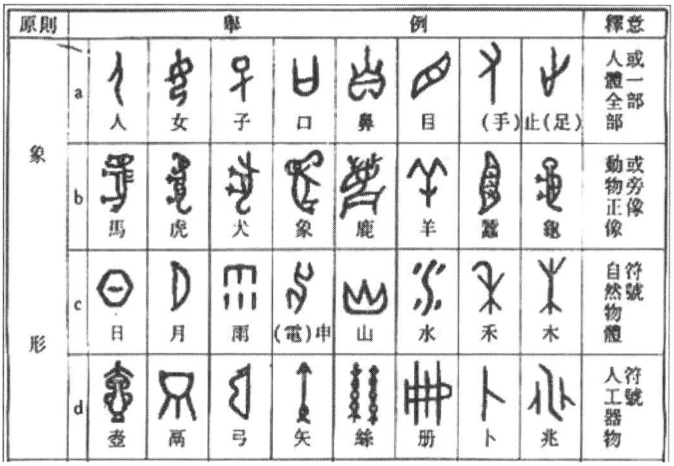

人类天生具备很强大的图像记忆能力，哪怕是刚识字的小朋友，简单点拨一下文字和现实世界物体的关系，他们就能很快理解掌握。象形文字由图画演化而来，记忆和理解图像会非常有优势。

国际记忆比赛的成绩，也能说明象形表意文字对记忆的促进提升作用。汉语圈参赛选手不管是儿童还是成年人，平均记忆成绩都高于英语圈的选手。

在孩童的识字培养上可以抓住先天优势，重点开发孩子的想象力，把抽象的文字和原有的事物慢慢结合演化，一方面轻松提升识字率，另一方面提升孩子想象创造的能力。象形文字是古人智慧的凝聚，也是图像的精彩运用。

7.1.2 会意法

汉字的表意功能是十分强大的。由于象形法不能满足复杂的抽象事物表达，所以需要进一步的想象扩展，把那些独体字进行两个或者两个以上的组合，从而表意某个特定的含义、活动及情感。

比如“利”由“禾”和“刀”组合而成，两个独立的物体结合生活的实践，衍生出用刀割庄稼的意思。“休”由“人”和“木”组成，人倚靠在木头旁边就是在休息了。“尖”由“小”和“大”组成，一个物体上面小、下面大，当然就是很“尖”的意思。再比如，炎、森、晶、矗、淼、品、从、比、灶、尘、国、孬、保、伐、相、采、困、男等。

表意法的理解和掌握对于词语的准确运用作用很大，这就像一个网，一环扣一环，如果没有理解和想象，把它们作为独立个体来死记硬背，效率会很低。

7.1.3 形声法

还有一个非常重要的方法叫形声法。形声字也是由两个或多个独体字组成，表示其意思的叫形旁，表示读音的叫声旁，二者结合就是一个形声字了。这样的造字法在汉字中数量很多。

比如：

左形右声：材 偏 铜 冻 证 骑 秧 破

右形左声：攻 颈 削 瓢 放 鹉 雌 故

上形下声：管 露 爸 芳 崖 宵 界 字

下形上声：架 案 慈 斧 贡 膏 凳

外形内声：固 病 庭 阀 园 匾 裹

内形外声：闷 问 闻 辫

形在一角：裁 载 栽

声在一角：醛 渠

我们需要掌握形声字的规律，看见一个陌生的字能够从熟悉的偏旁部首之中大概猜出其字是什么读音或者什么意思。这其实也是一种以熟记新的想象法，当方法出现错误时再单独把这样的重点字词记录下来，重新进行分析和联想，这样才能提高学习效率。

7.2 汉字记忆解决方法

通过上面的文字，我们了解到汉字的形成过程和组合规律，一般结构简单的汉字，我们拆分成两个模块，极其复杂的汉字会拆分成多个模块，然后在根据模块的意思进行图像联想。这里的模块就是汉字的偏旁部首，而偏旁部首一般都是以简单的独体字或者笔画组成的，一般情况下是不需要再次进行图像编码的。比如“魔”，这个汉字记忆时会拆分成三个模块，分别是：广、林、鬼。联想图像为：广阔的树林下有一个小鬼。除此之外，好的记忆方法也需要有效的复习不断巩固，比如运用笔记，遵循大脑的遗忘规律设置一套定时复习的策略等。

7.2.1 根据“形、音、义”法则纠正错别字

汉字的组成主要是象形法、会意法及形声法，这些方法是组成汉字的基本方法，掌握组成汉字的偏旁部首其代表的意义和读音越多，那么对于整个汉字的理解就会更准确。

组成汉字的偏旁部署很多，我们需要了解常用的偏旁部首的基本含义，这样在单个汉字或者词组中就不容易出错，也更容易展开联想。

比如：厂：厂部，作部首时可表示和山崖、山、石或房屋有关的事物。

匚（读方）：匚部、左方框，作部首时可以表示和方形容器或各种其他容器有关的事物。

口：口部、口字旁、口字底，作部首时可以表示和嘴巴、语言或嘴巴的动作有关的事物，还可以表示一些其他方形的东西。

门（門）：门部、门字框，作部首时可以表示和门、建筑或关闭有关的事物，有时又表示争斗。

月：月部、月字旁、月字底，作部首时可以表示和月亮、光、时间等有关的事物。

目：目部、目字旁、目字底，作部首时可以表示和眼睛或眼睛的动作有关的事物。

如下词语中，括号内的正确汉字：

白晰（皙）：字形采用“白”作形旁，“析”作声旁，意思是形容一个人皮肤白，所以正确的词组应该是白皙。

缮食（膳）：字形采用“肉（月）”作形旁，采用“善”作声旁，意思是备置食物。出现“月”为边旁，一般都和吃的或者身体各个部分有关，所以正确的词组应该是膳食。

哀声叹气（唉）：字形采用“口”作形旁，“矣”作声旁，意思是应答。一般“口”作形旁，都和嘴巴有关，后面的叹同样也是如此，所以正确的词组

应该是唉声叹气。

7.2.2 笔记法

很多错别字通过“形声义”的方法还是有很多局限性，比如易错字中经常出现多一点和少一点的情况，如果在学习中发现自己对这一块不是很确定，就适当想个图像或者编个顺口溜，然后记录在自己的易错本上，这一点很重要。在我训练词语的记忆过程中，也会把大量易错字做简单记录。方法是提高效率，笔记才是非常重要的学习和记忆工具。

7.2.3 “五一”复习法

如果没有一套科学的复习时间安排，做笔记其实等于无用功。字词记忆是最基本的元素，就好比学习数字编码时会用到谐音、象形和联想等方法，但是要转化为大脑长久记忆还需要科学的复习。

具体的方案如下：首先准备一本自己喜爱的本子，专事专记、分门别类。在我决定训练记忆参加比赛时，我就买了很多笔记本，记忆宫殿一个、数字编码调整一个、人名头像一个、易错词语一个及抽象图形一个。项目很多，但是有共通性的就放在一起，比如快速数字、马拉松数字、二进制及扑克都是放在数字编码这个笔记本中。主要内容也包括编码调整、记忆策略调整与确定、成绩记忆等。

我会在每一个笔记本封面写上不同的应用途径，比如这本笔记用来解决易错字词记忆。做笔记过程中需要写好记录日期、时间，精确到分，然后在页眉写上分、日、周、月、期。分代表当下、立刻、马上；日代表当日；周代表一个星期；月代表一个月；期代表一学期。这就是五个不同时间段复习的方法，这个复习规律符合艾宾浩斯遗忘曲线。

如果是在校学生，此复习法可以和考试周期结合。具体的操作方法是：

记录笔记、闭目回忆笔记内容，将不清楚的地方及时用彩笔标注出来。在我的观察中，很多非专业记忆学习者，做完笔记就觉得这个内容已经是自己的了，什么时候看都可以，其实这是一种错误的心理暗示。在前面已经有讲过，记忆训练者都会有一个习惯或者原则，当记忆任何材料时，不管当时记忆是否熟练都应该马上闭目回忆，回忆完成后才可以做其他事情，否则记忆效果会大打折扣。

所以，在课堂听完课后不要马上放松，只需要一两分钟快速回忆课堂重点内容和串讲逻辑，遗忘率会大大降低。如果一份语文试卷发下来，把出现错误的词语记录并分析后马上闭目回忆，这份错题分析和记录的效果就会非常好。如果做到了闭目回忆，就在对应的题目旁打上一个勾，做好学习进度记录。

一天的训练完成后，把所有的笔记都拿出来简单总结和复习，如果没有特别标注的内容，一般看一遍就可以，如果有着重标注则说明当时还没有找到好的记忆方案记忆这些词语，这个时候需要再次分析和调整记忆方案。

作为学习者，每日学习完成后把新知识快速复习一遍也是非常有必要的。同样如果做了复习，就在对应位置打一个勾。在每周的周考、月考及期中、期末考试前一晚进行复习效率是最高的。在我开始训练的第一个月，一周一考，每次考试前看之前的训练笔记都能增加掌控感。

我的月考就是城市赛、国家赛及世界赛，刚好间隔一个月左右，计划安排中没有浪费任何一天，每次赛前都会看看笔记，根据笔记中的内容强化编码弱点，熟悉宫殿方案配备、记忆策略等。好的复习方案，能让你达到事半功倍的效果。

7.2.4 方法转化为能力，需要训练

下面找了一些易错字词，括号中是正确的词语。训练时，可以先用纸片遮住括号中的内容，根据自己以往的知识积累判断正误。判断错误再对比括号

中的内容，根据“音形义”法则解释，如果不能确定则可以记录到笔记中。一般解决方案有两种，一种是查看工具书，看看其偏旁部首的含义是否理解有误。当然还可以直接联想，比如：中裁（仲）：单人旁的仲裁，表示是用人来裁决，想象一个仲裁场景都是人，这样就可以记住这个词语有单人旁了。翱游（遨）：这个词语为什么是“走”字旁，因为是在地面和水上游玩，这里注意两个词语的特点，一个是走字旁，一个是三点水。另外可以做一些扩展记忆，为什么翱翔，因为有羽毛可以在天上飞，这两个字看似复杂其实非常简单，羽作形旁，皋和羊都是声旁，表示能在天上飞的意思。

还有一个特殊例子，比如两个词语都能写对，但是不知先后、容易混乱，碰到这种问题只需要简单的联想就可以解决，比如下题中有：爱乌及屋（屋乌），发音都是wū，正确的应该是“爱屋及乌”，想象一个图像，一个人喜爱一套屋子，同时也喜爱屋子下面住着的乌鸦。先想到大屋子再想到屋子里面的乌鸦，就不会错了。

下面这些词语，尝试记忆和分析，会对文字有更深刻的认识和理解，也能提高用字准确率（括号内的文字为正确字）。如果要考试，肯定可以提高单项分数。

001 爱带（戴）	002 爆乱（暴）	003 报筹（酬）
004 暴炸（爆）	005 卑却（怯）	006 辩析（辨）
007 恶耗（噩）	008 材华（才）	009 喝采（彩）
010 翱游（遨）	011 娘两（俩）	012 更叠（迭）
013 恰商（洽）	014 起迄（讫）	015 沾辱（玷）
016 中裁（仲）	017 雕彻（砌）	018 陷井（阱）
019 劈谣（辟）	020 明片（名）	021 梦餍（魇）
022 缈视（藐）	023 募然（蓦）	024 蓦捐（募）
025 通辑（缉）	026 杂踏（沓）	027 奕棋（弈）

028 疏峻（浚）
029 吉详（祥）
030 肖象（像）
031 开消（销）
032 撕杀（厮）
033 膺品（赝）
034 贮立（伫）
035 绉纹（皱）
036 躁热（燥）
037 肿涨（胀）
038 羁靡（縻）
039 描模（摹）
040 遨翔（翱）
041 振撼（震）
042 呕气（怄）
043 亵赎（渎）
044 恢谐（诙）
045 渲泄（宣）
046 宣染（渲）
047 延申（伸）
048 奢縻（靡）
049 毗临（邻）
050 骠悍（剽）
051 永决（诀）
052 欧打（殴）
053 座落（坐）
054 幅射（辐）
055 拥带（戴）
056 煤碳（炭）
057 编篡（纂）
058 按磨（摩）
059 爆躁（暴）
060 蜇居（蛰）
061 下工夫（功）
062 显象管（像）
063 爆发户（暴）
064 造事者（肇）
065 纹身（文）
066 座标系（坐）
067 照像机（相）
068 暖哄哄（烘）
069 明信片（名）
070 坐右铭（座）
071 天然汽（气）
072 煤汽机（气）
073 引伸义（申）
074 雄纠纠（纠）
075 冷不妨（防）
076 裨官野史（稗）
077 百练成钢（炼）
078 火山暴发（爆）
079 和霭可亲（蔼）
080 爱不失手（释）
081 爱乌及屋（屋乌）
082 安份守己（分）
083 按居乐业（安）
084 暗然泪下（黯）
085 黯无天日（暗）
086 敖敖待哺（嗷）
087 飞扬拔扈（跋）
088 绝不罢休（决）
089 白壁微瑕（璧）
090 英雄倍出（辈）
091 半途而费（废）
092 哀声叹气（唉）
093 山洪爆发（暴）
094 武装爆动（暴）
095 五色斑澜（斓）
096 百步串杨（穿）
097 百尺杆头（竿）
098 罢绌百家（黜）
099 百战不贻（殆）
110 大有稗益（裨）
111 原物必还（璧）
112 森严壁磊（垒）

113 鞭僻入理（辟里） 114 能言善辨（辩） 115 变本加利（厉）
116 变换莫测（幻） 117 骠肥体壮（膘） 118 标柄千古（彪）
119 别出心才（裁） 120 兵慌马乱（荒） 121 彬彬有理（礼）
122 涣然一新（焕） 123 摒气凝神（屏） 124 病入膏盲（肓）
125 并行不背（悖） 126 拨乱返正（反） 127 军事布署（部）
128 人所不耻（齿） 129 不共带天（戴） 130 不寒而立（栗）
131 不惶顾及（遑） 132 不记其数（计） 133 不接不离（即）
134 不加思索（假） 135 不卑不吭（亢） 136 不径而走（胫）
137 继往不究（既） 138 不堪之论（刊） 139 不可思异（议）
140 不明一文（名） 141 不求深解（甚） 142 宁死不曲（屈）
143 麻木不忍（仁） 144 不详之兆（祥） 145 步履维坚（艰）
146 雄材大略（才） 147 材疏学浅（才） 148 神采弈弈（奕）
149 材华横溢（才）

第三阶段

不同年龄不同背景，实战记忆能力应用

不同年龄阶段，大脑的成长快慢是差别的。一般，越小的孩子大脑发育越快，是极佳的大脑开发时期。这个时候培训的主角主要是爸妈，训练的方式和材料也非常简单，几乎每个父母都要简单学点大脑记忆力原理，运用一些基本的素材就可以得到有效的训练。但父母要有极大的耐心和时间，能规律地持之以恒地去做，其他人是无法代替的。

进入学校后，老师的角色越来越重要，同样一份材料，如果仅仅告诉孩子用一种方法去记忆和理解，那么孩子的思想会越来越僵化，只会重复背诵和不停抄写，这将极大浪费孩子宝贵的大脑资源。读书阶段是孩子大脑最活跃的时候，要想尽一切办法，努力调动右脑的想象力和左脑逻辑思维能力。

成年后，很多人记忆力衰退严重，当开始使用想象力时，发现脑中没有任何色彩和图像，这非常可惜，但是也正常，因为绝大多数人没有刻意训练过大脑想象力。值得庆幸的是，还是可以通过刻意的训练得到有效的改善的和提高，并且运用于工作和生活实践之中。

第8章

多年龄多背景人群

不同年龄的人，记忆训练也呈现不同特点，越小的孩子，大脑发育迅速，可塑性极强，潜力巨大。中学阶段的学生，学习能力最强，左右脑达到一个非常好的平衡状态，既能轻松运用和挖掘右脑图像记忆，同时也有较好的逻辑思维能力。成人阶段，更侧重对记忆方法的熟练掌握和理解，达到高效运用、解决实际问题的能力。

8.1 3 岁及之前的幼儿

孩子正在语言发育期，每天看到的、听到的、摸到的东西都是其学习的内容，所以多带着孩子感受大自然，多和孩子交谈互动，就是对孩子大脑最有效的训练，再配合一些书中简单的记忆力训练方法，就可以达到很好的效果。

8.1.1 大脑发育的特点

三岁之前儿童的大脑属于快速发展的状态，训练引导得当，大脑记忆能力提升也会非常明显。很多父母都希望能在这个非常重要的脑力开发阶段为孩子做一些有益的事情。我能理解其中的期待，但是也要提醒各位父母，其实有的时候只要不做错事、保持好的心态、用平和的态度对待孩子，就是最好的教育方式了。虽说孩子的大脑发育规律在宏观上说是有共性的，但是落实到不同个体就有了差异，所以不用过于焦虑。

杨绛在《我们仨》中介绍女儿钱媛在很小的时候就会搬桌子和椅子，拿着笔和纸学着爸妈的样子看书。孩子那么小不见得看得懂，但就是喜欢学大人的样子。

我们都知道兴趣是最好的老师，不管是大人还是小孩，有了兴趣自然就有了学习的动力。在这种正向的反馈中进步总是惊人的。

这个阶段孩子最大的学习特点是模仿，所以父母除了平时多多和孩子在语言上交流以外，在行为上一方面是做榜样，另外一方面是和孩子一起去学习，只要记住这个原则，培养孩子一定是事半功倍的。

8.1.2 父母是孩子最好的启蒙老师

这个阶段孩子和父母关系很亲密，所以不要想着找一位经验丰富的老师、专家或者优质的幼儿园来培养孩子、开发智力。任何人都无法取代父母，所以不管经济条件或者外在环境是否允许都建议在三岁前让父母成为启蒙孩子的主导者。

8.1.3 训练的节奏及内容

在这个阶段要以孩子的节奏为主，父母要多多观察孩子的特点，根据其喜好和特点多多引导。有的孩子喜欢用听的模式，有的喜欢用画的模式，有的是互动的游戏模式，多多尝试总会找到他们喜欢的方式。

训练的内容要结合孩子的特点，讲故事、看图片或者是简单的彩笔绘制都可以。最后可以引导孩子把刚刚所学的内容复述出来。具体的材料，方法及步骤在第一阶段有详细的讲解，可以参考。

8.1.4 记忆能力的培养与训练具体方法

此年龄段婴儿，其模仿、认知、观察、语言等方面的能力都有长足发展，因而对事物的记忆不仅是无意、形象的，而且也开始萌发了一定的有意记忆。这个时候完全可以采取多种方式来训练宝宝的记忆能力。

1. 五感刺激

图像记忆的本质是调用大脑的五感去想象和感知这个事物，从而达到更深刻的记忆和理解的目的，在孩子很小的时候，是五感开发的最佳时间，所以平时多带孩子走进大自然，接触不同的东西，对孩子的大脑发育非常重要，尤其是右脑的想象力的发育，因为这些丰富的感官刺激都会成为孩子丰富想象力的来源。

2. 模仿能力

学习是从模仿开始，怎样才能把外在的信息转化为孩子自身的认知能力最好的训练模式是模仿，在材料的选择上，一定是孩子非常感兴趣的，互动性强，又非常直观的。比如在五感刺激中，经常带着孩子去动物园，可以让孩子模仿不同的动物叫声，模仿的越像，说明其对事物的再现能力越强。也可以尝试让孩子模仿自己平时说话和做事的一些状态，一定会有意想不到的收获。

3. 想象训练

两、三岁的婴儿，已经很会说话了，完全可以在激发兴趣的前提下，多教他背一些四言句的小古诗，一般可以找一些朗朗上口又很有图像感的简单古诗，记忆过程也要适当引导孩子想象画面，可以询问孩子想到的是什么，甚至用彩笔画的形式画出来。背古诗是很好地训练孩子主动想象最佳方式之一。

4. 时间意识

时间意识的培养一方面让孩子从小有一定的时间观念，同时也是训练其记忆能力的好方法。春夏秋冬的四季变化、晨昏更替的时间规律这些都是最基本的。还有日常的时间安排，比如这个周六上午 10 点全家出门要去动物园玩，让宝宝记住这个事情，到时候记得提醒家长，如果迟到了，我们就进不去了。孩子对这件事感兴趣，肯定是愿意记住的。

也可以通过打电话，向宝宝交代一点事情，让他记住，以训练宝宝听觉记忆的能力。如妈妈打电话给宝宝："妈妈下班回来，想带一点东西给你吃，你想吃什么呢？"宝宝："我想吃葡萄和苹果。"妈妈："好吧，妈妈下班后就带回来，你可要记住是什么食品哦！"妈妈回家后，首先问问宝宝，妈妈应该带回什么食品，看他能否想起来。

5. 讲故事提问题

就故事内容向宝宝提问，这是训练他记忆能力的一个好方法。刚开始只提一、两个明显的问题，以后随着能力的提高，可以多提一些问题来锻炼宝宝对事物记忆和重现的能力。如讲完了《龟兔赛跑》的故事，就问问宝宝："是谁和谁比赛？谁赢了？谁输了？”“故事的名字叫什么？”如果宝宝能够讲出故事中的一些情节就更好了，大人要试着做一些诱导。

6. 短时记忆

第一步从记忆实物开始：拿出两、三个玩具，如手枪、熊猫、小狗，先让宝宝逐一说出这些玩具的名称，再后当着他的面将这些玩具装进一个盒子里，让宝宝想一想里面都有些什么，等他说完了以后，再将玩具拿出来，看宝宝是否说对了。也可以换其他的玩具来做这个游戏，根据孩子能力适当增加一点物品的数量也是可以的。这个游戏能训练宝宝抢记事物的能力。

第二步记忆图片，开始一张图片中出现四个熟悉的同种类的物品，比如四种水果，根据孩子的反应和接受能力，不断增加图片的数量和种类。

第三步记忆场景，比如一张动物园场景图，给孩子看一分钟左右，然后让孩子讲出刚刚在这个场景中都看到哪些东西，慢慢地可以进一步询问不同物品的位置和数量。

7. 专注力训练

残像训练主要借助的工具是黄卡及曼陀罗卡，这两种卡片从单色到复杂的颜色，不断地变化，可以从简单的黄卡开始，引导孩子安静下来，看着卡片大概 10 秒左右，闭上眼睛，说出在脑海中的图像及颜色。随着训练的深入，孩子脑海中存留的图像时间会越久，复杂的颜色也能说出来。这对孩子的专注力及想象力帮助很大，可以多多训练。

更多的卡片图片可以关注公众号：“超级脑力训练”获取相应的图片。

8. 认图形

几何图形即是抽象的，也是有形象的，宝宝容易也很喜欢认识这些图形，如正方形、长方形、三角形、圆形、半圆形、梯形、扇形等。教宝宝认识几何图形，只需拿一个标准的图形，直接告诉他这是什么图形，并讲一点这个图形的特征即可。如“这是三角形，有三个角、三条边，像一个尖尖的房子。”“这是圆形，圆圆的，可以把它当轮子滚一滚。”教宝宝认识几何图形，能培养他对事物整体记忆的能力。

9. 识汉字

汉字是象形文字，如，“羊”“牛”“鸡”“丰”“跑”等，都有很强的形象性；还有许多形近字，如，“清”“睛”“晴”“情”等。事实已证明：两三岁的宝宝完全可以识字，通过识汉字不仅为宝宝早日学会阅读打下了基础，而且也培养了对事物的记忆能力和分辨能力，识字能使宝宝更聪明。

8.2 4 岁到 7 岁幼童

这个时间段对于习惯的养成非常重要，并且也是最佳的训练时间，比如教孩子写字，告诉她规则，只要她掌握了，几乎一辈子都会遵守。所以选择一份好材料，比如古诗词，训练孩子如何想象，如何记忆，只要孩子掌握这套流程，这对她大脑记忆习惯的养成是非常有益的。好的记忆习惯也会不断塑造和提升大脑的记忆能力。

8.2.1 大脑发育特点

大脑认知领域研究的前沿专家林成之教授在《儿童专注力培养方法》一书中详细介绍了 4 ～ 7 岁孩子大脑发育的特点，这个阶段相当于“大脑的基础构建”，所以最重要的工作是培养孩子好的思考和学习习惯。每一个好的思维和行为习惯都会成为大脑的基础架构，通过脑神经细胞的快速更新不断强化。俗话说 7 岁看老，是有科学依据的。具体有哪些好的习惯需要刻意留意和培养呢，这里着重从思考方式和做事习惯两方面介绍。

8.2.2 大脑良好习惯的养成阶段

让孩子养成对事物“感兴趣”的习惯，并且对感兴趣的事物有“进一步了解”“想做出正确判断”的习惯，不要养成“差不多就可以”“以后再做”的坏习惯。

注意多用正面、积极的语言形容当下正在进行的事。父母要注意自己平时的口头禅，不要经常把“不可能”“做不到”“好累”等这样消极否定的词语挂嘴边。多用正面词语，孩子也会更乐观积极。

注意做事不拖延，先完成重要事情。父母的口头禅可以是“学要学的认真，玩就玩的快乐。”和孩子商量一个计划表，把空余的时间做好安排。

注意养成认真完成一件事的能力。不管是做作业还是平时做家务，都是好的培养契机，切不可只注重速度不注重质量。

注意培养大脑发散思维的能力。很多父母在教孩子东西时，习惯性地说出正确答案，其实除了一些数学的加减运算外，很多知识都有不同的扩展想象空间。比如给孩子一根木头，孩子可以用来做什么？如果画一个圆，你会想到什么东西呢？

8.2.3 训练的节奏及内容

训练的节奏可以和孩子沟通，引导孩子制订自己的学习和训练计划，并且养成习惯。为了能够很好地执行，可以把计划贴在家中最显眼的地方，有利于互相监督和提醒。关于记忆力的训练，这个年龄阶段最佳的训练材料是古诗词，因为其本身充满想象力，朗朗上口、短小精悍、背景知识深厚，是一个很好的训练记忆力、想象力及丰富知识的素材。

关于古诗词的材料，在第二阶段中可以选取低年级的古诗词训练，记忆的方法都有讲解和提示。尤其是画图记忆，特别适合初学者及年龄较小的学习者，他们能很好地把脑中所理解的图像，通过简笔画进行视觉化展示。

8.2.4 “小神童”王恒屹的古诗词记忆成长之路

央视推出的原创文化类节目《中国诗词大会第五季》，让我们认识了一位极其可爱聪明的 5 岁小男孩——王恒屹。

他在节目中的精彩表现惊艳了所有观众，5 岁时就能认识 3 000 个汉字，能背诵将近六百首古诗词，记住近两百个国家的国旗。

好的表现离不开家庭的熏陶和正确的方法训练，孩子的奶奶对诗词特别感兴趣，所以经常带着王恒屹一起听古诗，并且也会买很多识字卡片及图片协助训练孩子的识字能力。孩子在背诵诗词的时候，奶奶也会认真耐心地解释每个字的发音，字形及含义；孩子的爷爷还会教孩子用简单的图画来展示诗词中的图像和意境，从而能够让孩子有更深刻的理解和想象，达到更高效的记忆效果。

古诗记忆训练为什么能在这个阶段的孩子身上产生如此美妙的结果？

首先，古诗朗朗上口，很多孩子喜欢，尤其是在家长的言传身教中，耳濡目染，更能激发孩子的兴趣。

其次，古诗本身的图像感极强的特点。比如说“两只黄鹂鸣翠柳，一行白鹭上青天。”“故人西辞黄鹤楼，烟花三月下扬州。”“床前明月光，疑是地上霜。”等。这是古诗的特性，所以说每一位诗人都是伟大的想象家，拥有极其丰富的想象力，能够把所思所想所看的画面通过文字精准地展示出来，阅读古诗带给我们美感的同时，还能丰富大脑的想象力。

同时，听觉、想象和视觉化的展示相结合：听音频，想画面，然后把想象到的图像，通过简笔画的形式描述出来，充分开发了孩子右脑的记忆潜能。

总之，古诗记忆训练是孩子进行大脑训练的一把钥匙，可以帮他们打开想象之门、思维之门、记忆之门，让孩子们在知识的天空中自由翱翔。

8.3 8 岁到 11 岁孩童

这个时间段应该发展一门兴趣，使之能够持之以恒的训练下去。记忆技术其实和画画，弹钢琴，打篮球一样，是一门技术，把训练记忆技术发展成兴趣爱好，一方面可以把这种能力运用在学习上，可以参加各种记忆比赛丰富见识，也可以成为结识朋友，展现自我的才艺。

8.3.1 大脑学习的特点

此时孩子的大脑已经过了 4 ～ 7 岁的基础构建阶段，脑神经细胞的树状突起不断发展，大脑的信息传递回路迅速进化，逐渐接近成人的大脑。孩子过了 8 岁后，大脑开始追求“独立完成的喜悦”。在教育孩子的过程中尤其要注意语言的引导，减少命令式的对话，多一些引导和选择给孩子，这样他的大脑才能更好地发展。

8.3.2 找到感兴趣合适的训练项目

这个年龄段的孩子升学和考试压力都相对较小，有较长的时间在学校课程外发展一些个人特长，这些特长一般也是优先孩子自己的爱好选择。

在 3 岁前父母有意识地通过图片、故事和简单的文字培养孩子丰富的想象力和记忆力，4 ～ 7 岁时，在此基础上进一步学会了简单的词语联想和古诗词想象记忆，慢慢也形成了用右脑图像的方式去记忆一些东西。8 ～ 11 岁，把记忆训练变成孩子的一项爱好和特长，这对他未来的帮助会更大。这个年龄段的孩子自主意识较强，需要激发其兴趣。有些记忆高手会在孩子面前展示记忆魔术——快速扑克记忆。很多看完表演的学生都会被吸引。它当然不是魔术，而是实实在在的大脑记忆能力。这些扑克记忆能力可以很好地训练孩子的专注力、想象力和图像快速反应能力，对孩子的大脑发育帮助非常大。

8.3.3 10 岁女孩成为儿童记忆冠军

2015 年 10 岁的小姑娘闫家硕参加了世界脑力比赛，并成为世界记忆大师。2016 年她再次参赛，获得儿童组记忆比赛总冠军。我了解、辅导并全程见证了这个小姑娘的成长。这位姑娘的记忆成长经历其实和普通孩子学习一项技能，并参加比赛获奖是一样的，只是这个项目大家觉得新鲜，充满好奇。

当然绝大多数孩子不需要参加比赛，比如孩子喜欢数学不一定就要参加奥数比赛，喜欢跳舞不一定要参加舞蹈比赛，而是通过这样的技能训练来提高大脑和身体的协调性，或者只为自己的生活增添色彩也是好的。每天抽出半小时的时间训练一下大脑，练习记忆技术，也是一种不一样的成长经历呢。

如果孩子对记忆技术感兴趣，刚好又在这个年龄段，可以参考第一阶段学习记忆扑克的方法，从它开始慢慢驶入记忆的星辰大海。

8.4 12 岁到 15 岁青少年

这个时间段是孩子左脑发育的重要阶段，很多学科知识对于思维能力的要求越来越高，所以对于强大的记忆和思维工具——思维导图一定要熟练的运用起来，这会极大地提高学习效率，使大脑思维更有条理，更系统。

8.4.1 大脑学习特点

著名的心理学家皮亚杰提出 12 ～ 15 岁的青少年处于形式运算阶段，其心理水平已接近成人。所谓“形式运算”是“使形式从内容解放出来”，思维超出了所感知的事实或事物的具体内容而朝着非直接感知的、未来的事物方向发展。这个阶段的青少年抽象思维及逻辑思维能力初步形成。初中和小学课程最大的不同是从具象的内容记忆与运算转化为抽象内容的学习和演化。进入初中后，不管是语文的阅读理解还是数学的公式运算，都不再是简单背诵下来就可以。当然记忆还是基础，但是在记忆的基础上对逻辑思维、抽象思维的训练也必须要重视起来。

脑科学理论中有一个著名的左右脑理论，我们的大脑分为左右两半、互相连接，但是功能又有明显差别。右脑的最主要能力是想象、情感、图像、色彩及音律的能力；左脑的能力是逻辑、理解、运算和阅读。关于右脑的能力在前面的记忆训练阶段可以了解到，我们所用到的记忆方法中几乎涉及右脑的所有方面，比如对编码图像如何才能够记忆得更清楚，要先在脑中有具体的图像。尽量色彩鲜明、可以带来直观感受等，这其实就是调用右脑的能力使其达到高效记忆的目的。通过图像记忆也是低年龄阶段的孩子最擅长的，我们了解这个理论，发展出一套具体的方法和材料，适当引导和训练后会发现孩子的学习成果都是非常不错的。

青少年阶段，不仅仅要把强大的右脑能力运用出来，同时也要有意识地训练自己的左脑逻辑思维能力，把左右脑能力都调动起来学习才能更加轻松高效。

有没有这样好的工具和方法呢？被称为大脑界的“瑞士军刀”——关键导图就是同时具备了运用右脑的想象和左脑的逻辑作用，达到左右脑并用，是高效学习的好方法。

8.4.2 最重要的学科应用工具－关键导图

思维导图也可称为“关键导图”，绘制导图时脑海中要想象一副好用、实效、易记及容易理解的导图，最重要的一点是找到关键信息。关键信息的表达最好精简在 5 个字内，才能达到一图胜千言的作用。首先要有抓重点的能力，精简在五字之内是较强的归纳总结能力。再利用导图分支线条，根据上下级分支线把这些信息按照一定的逻辑绘制出来，这需要较强的逻辑思维能力。导图的绘制并不难，绘制的好看与否也并不重要，重要的是梳理好导图中关键词之间的关系，借助线条把它们清晰地表达出来，然后结合联想记忆法在最短的时间里理解并记忆下来。

导图的运用涉及具体的思维能力，比如发散思维。导图是不断向外扩散的，通过一个点不断想到更多的点，所以发散思维在导图中的运用非常广泛。很多公司做产品创意沟通会时就会利用导图这个特性进行头脑风暴。导图还涉及到归纳思维能力。如何用最短时间在一堆浩如烟海的考试材料里找出重点和脉络，化繁为简，把抽象的、线性的文字转化为立体的、有关联的网络，这需要的就是关键导图的归纳总结特性。

8.4.3　发散思维的训练和应用

发散思维具有不依常规、寻求变异、探索多种答案的特点。我们从现在开始借助新方法新工具，也可以达到更加高效的理解和记忆的目的。当然思维的发散能帮我们找到更多的知识关联点、达到思维训练和知识累积的目的。

1. 发散训练的导图运用

训练发散思维最好的工具是思维导图，如果能够从现在开始借助导图的模式来理清自己脑海中的所思所想，那么导图也一定会反向促使你寻找更多知识。举个例子，从“方形的东西”这个主题中，你会想到哪些东西？这时你的脑海中已经开始出现大量的方形物品，但可能是混乱的，能否根据其中一个物品不断想到相关联的同类别方形东西，这就是一个有规律的扩散过程。把有条理、有线索的扩散展示出来，最好的工具就是思维导图，如下图：

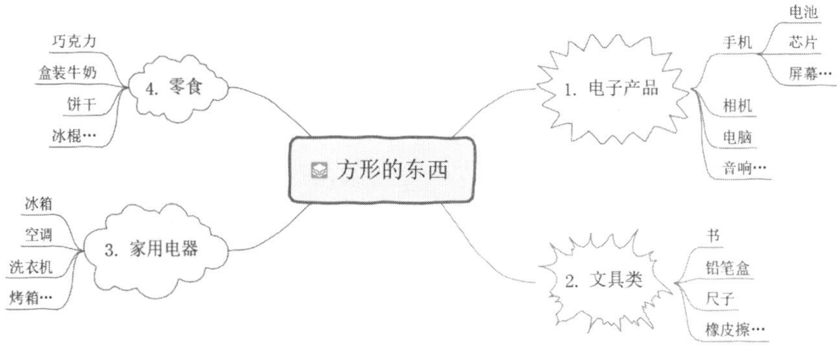

通过此导图，可以先把脑海中想到的东西归类，当然类别可能不止这些，还可以不断扩散，并且每一个类别的支线下面都可以找到更多“方形”的东西。这里每个线条几乎都可以再延展下去。这就是通过导图的视觉化呈现。

2. 发散思维练习

一个纸杯有什么作用？比如用来喝水、喝茶、装东西等，但这是一种杂乱、无头绪的思考方式。可以借助导图的思考模式找到一个点，不断延伸扩散。比如从“喝”的用途，可以是喝水；水有不同的种类，比如纯净水、白开水、井水、蒸馏水等。喝饮料，从饮料中又可以想到几十上百种，每一种又有不同的口味需求等。装东西，可以装下很多不同的小东西，小东西涉及吃、用、玩等。当然也可以根据不同的场所来扩散思维，比如纸杯在家、学校、实验室时会有哪些作用，这也是一种发散模式。

发散的思维模式不仅仅可以通过导图的模式绘制出来，更重要的是脑海中的思考方式发生了变化，工具和思维不断演化和成长才是工具和方法的意义。

3. 发散思维的写作运用

这个阶段，很多同学们都会为写一篇文章感觉到很头疼，文思泉涌确实不容易。看到题目时，很多人脑海中是有想法的，但是就和前面提到的方形东西一样，感觉很多，但真正去说又容易陷入混乱和词穷的状态。这就是思维方式的问题。这时借助导图的发散思维模式，先在脑海中进行发散，同时快速在草稿纸上绘制导图，事情就高效很多。

比如写人物的作文，我的爸爸（妈妈，爷爷，奶奶等），可以先从外形样貌开始写：五官如何、穿着特点、身体高矮胖瘦，身边人有没有对他的外貌有特别的评价等。兴趣爱好：喜欢玩的运动、运动水平怎么样，最喜欢哪个运动明星，自己对爸爸这个运动水平的评价等；爸爸和自己的关系，平时会和爸爸有什么样的互动，爸爸对自己影响最深的事情或话语，这些话语是在怎样的情景下发生的，这个情景的发生过程是怎样，过程中你的感受如何。最后可以想想你是否想成为你爸爸那样的人，他有哪些品质是特别值得你敬佩的，这些品质又是通过哪些具体的行为或者事件体现出来的。

4. 练习

写一项活动，一次有趣的运动会（家庭聚会，春游、旅行等）同样也会运用到发散思维。从运动会发生的时间、背景和参与的人物，运动中都有哪些项目、项目的比赛情况、自己最感兴趣的项目、在项目中有哪些收获。比如同学的友谊、获胜的喜悦、集体活动的意义等。

5. 总结

发散思维能让我们更加有条理、有内容，容易打开思路，但是也有解决不了的问题。比如如何让自己的语言更加优美、用词更加准确和华丽，这需要在平时的学习中多一些阅读和积累，把一些经典的话语和描述记录下来，模仿他们的写作模式和技巧，这是解决用词造句最好的方法。

8.4.4 归纳思维训练和运用

想要快速准确地理解、记忆甚至转述一本书、一篇文章、一场演讲，重要的是有归纳的能力。一篇阅读题，如何能得高分呢？首先得具备归纳能力，包括这篇文章讲的主旨思想什么、段落核心词、句子的关键词。归纳思维涉及抽象概念的总结能力、找重点找关联的能力、合并同类项的能力。

这个能力其实在学习中运用的是比较多的。比如一堂课，老师洋洋洒洒讲了一小时，能不能用一幅导图把他们之间的关联整合起来，找到重点的内容和相关的知识点，这就是把线性的文字和语言进行网格化的整理和归纳。如果能够整理和归纳出来至少是一次成功的复习，同时还能查漏补缺。

1. 归纳思维的练习方法

先从简单的开始，好的家庭教育很提倡孩子分担家务，一方面能够锻炼其独立生活，另外也是促进大脑发育的好方法。做家务也有很多技巧，依然需要一颗会思考的大脑。比如整理衣服、鞋子、日常用品，如何区分常用的、不经常用的及完全不需要的，这都需要有强大的归纳总结能力。当然这些都是现实的事物，不需要太多抽象的总结，只要结合自身需要即可，是归纳思维很好的入门级训练。

当然，除了找关键，同时也要拥有对抽象概念的总结。材料越复杂，找到其中重点和关联就越难，可以按照循序渐进的模式进行学习和训练。

这个年龄阶段的学习科目开始变多，知识点也越来越丰富，多用导图的方式总结和归纳，学习效率和思维能力会进步很快，最重要的是对知识点的记忆和复习也会更加轻松。对各学科的知识点，可以尝试多用导图进行总结归纳。

如下图：

语文：

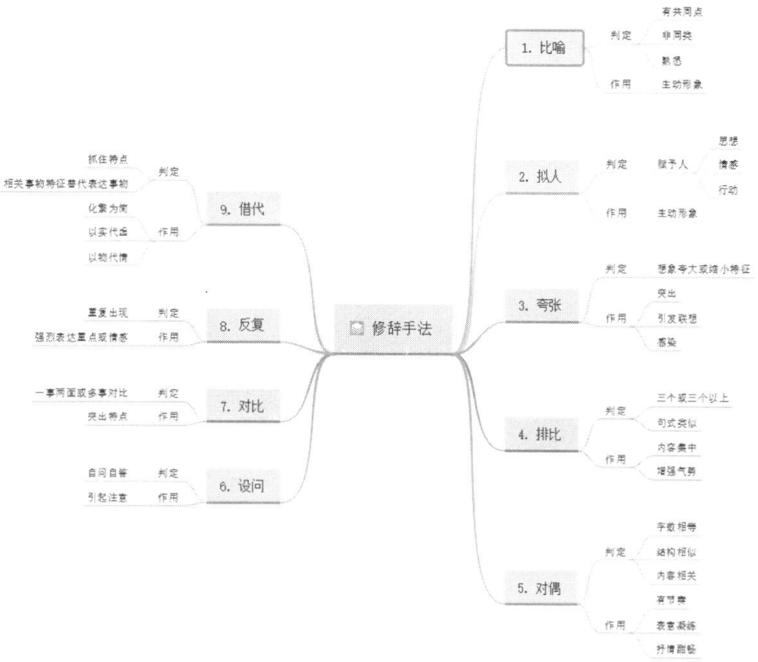
修辞手法
1. 比喻
判定
有共同点
非同类
熟悉
作用
生动形象
2. 拟人
判定
赋予人
思想
情感
行动
作用
生动形象
3. 夸张
判定
想象夸大或缩小特征
作用
突出
引发联想
感染
4. 排比
判定
三个或三个以上
句式类似
作用
内容集中
增强气势
5. 对偶
判定
字数相等
结构相似
内容相关
作用
有节奏
表意凝练
抒情酣畅
6. 设问
自问自答
判定
引起注意
作用
7. 对比
一事两面或多事对比
判定
突出特点
作用
8. 反复
重复出现
判定
强烈表达重点或情感
作用
9. 借代
抓住特点
相关事物特征替代表达事物
判定
化繁为简
以实代虚
以物代情
作用

数学：

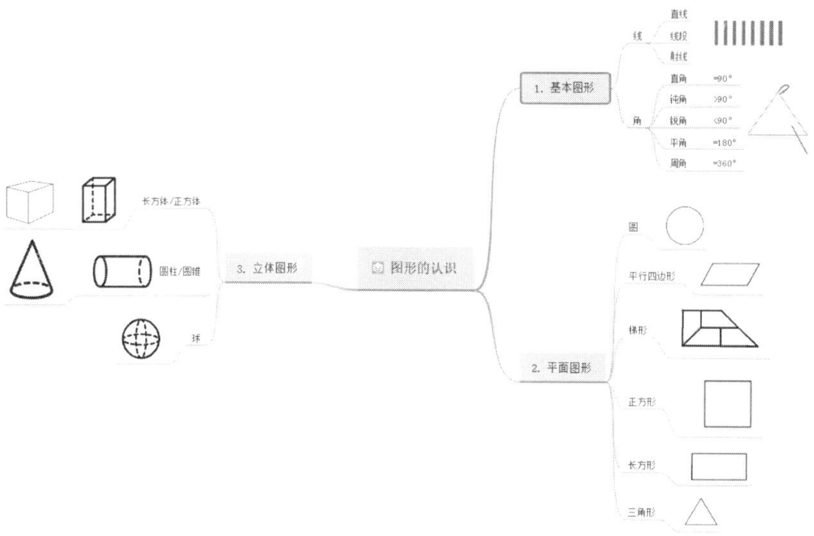
图形的认识
1. 基本图形
线
直线
线段
射线
角
直角
=90°
钝角
>90°
锐角
<90°
平角
=180°
周角
=360°
2. 平面图形
圆
平行四边形
梯形
正方形
长方形
三角形
3. 立体图形
长方体/正方体
圆柱/圆锥
球

2. 归纳思维解决重复出错问题

结合前面学习的五一复习法，在考试之前系统复习一遍各科目知识是一个很好的学习习惯。在复习时，该如何了解自己是否真的记住或者理解了呢？可以在看着题目时，想想当时是如何记忆它的。比如语文，这个词语选择错误的原因是什么？正确的记忆方法是什么？如果能够回忆出来，和答案核对一下就可以打勾。如果是数学则需要动笔重新做一遍，不仅仅要知道答案，中间的公式运用和步骤也是非常重要的，只有能够重复做出来甚至能够重新做一道类似的题目，才是真正的掌握和理解。当然如果还是出现错误，一定要写清楚为什么出错，出错的原因是思路不清还是公式记错或者计算出错，是不是和上次错误原因一样，根据不同原因解决不同问题。同时在题目旁边标记叉，方便下次再次复习。如下图流程：

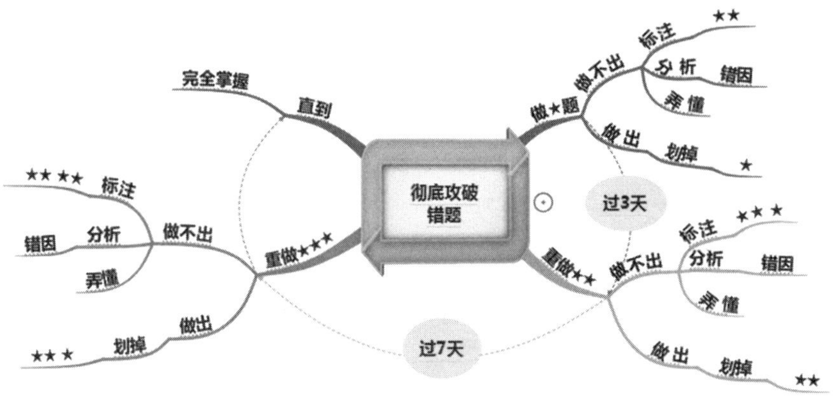

8.4.5 假期是逆袭的好机会

在课堂上，大家的时间一样、老师一样，智力水平也差不多，除了课堂上的认真听讲，真正产生差距的还是在课堂外。尤其是寒暑假这样的长假期，假期时间把握好，可以产生不一样的学习效果。

我看到很多这个年龄段的学生因为懂得把握假期时间，努力系统学习和训练好的学习方法，尤其是提高记忆效率、系统训练记忆能力，成为学校的风云人物，最终考入自己理想的大学。

这个年龄段，不像高中的学业负担那么重也不像上个阶段那样年龄太小，是最好的系统学习和训练记忆的机会。把握暑假时间，可以通过线上、线下、书籍、老师及自我训练等多种模式集中一段时间来系统训练记忆能力，强化运用记忆工具，为往后的学习道路打下结实的基础。

1. 假期重点训练内容

并非每个人都需要参加比赛成为记忆大师，而是从这些人的经验中了解到，好的方法和能力是高效学习一切知识的基础。大多数人在训练计划和内容上可以和自己的实际情况相结合。计划的时间安排上可以有一定的灵活性，这个也是自主独立的表现，并不需要像在学校一样给出统一的学习时间表格。在内容上强调的是方法的运用和训练，这样更有针对性和持久性。

根据我个人培训该阶段学生暑假学习的经验，主要内容分为三大模块。

（1）数字训练

其实道理很简单，就好比人要坚持长期锻炼身体，选择最方便、最简单、最有效的锻炼模式就是跑步。跑步之于身体的锻炼和记忆数字之于大脑的训练道理是一样的。如果没有参赛的需求，每天练习 120 个数字就可以，开始分三次记忆，每次 40 个数字，总共只需要一套桩子，轻松愉快又有一点点期待，是开始一天学习和训练最好的醒脑模式。

（2）每天绘制一张导图

导图的内容主要涉及发散思维和归纳思维训练，发散思维训练涉及的主题可以多样化。归纳整理可以以自己的课本为主，用导图把上学期及下学期所有的课本重点知识进行系统复习和预习，这样不仅能够重新梳理上学期学习的重点难点，同时对于下学期内容的学习有一个系统的掌握，有不懂的地方在对应的导图旁边写下自己的疑问，等正式上课时听课会更有针对性和主动性，学习效率和积极性会大大提高。根据我和一些学霸同学们的沟通和观察，超过九成以上的学霸们都是如此的，所以同学们不要太相信天才的说法，天才也是努力加方法。

发散思维主题的选择可以结合每天生活中经历的事情，在看到的人物和自我感受中找一个主题，比如小学生暑假出游会利用导图模式绘制出行计划并总结，这就是把导图能力和生活结合起来。导图的训练是非常重要的逻辑思维的训练，在这个阶段思维训练越好，后期学习会更轻松。

（3）英语单词记忆。

依照《义务教育英语国家课程标准》，初中生应该学习 1 500 ～ 1 600 个单词。当然，如果要考个好一点的高中，这个词汇量还需适当增多。但是 2 000 左右足已，不需要达到 3 000。国家规定的高中英语课程标准高中词汇总共也就 3 500。此外，这些单词中包括小学英语阶段学过的单词大概 800 个，所以寒暑假一个非常重要的任务是把所有的中小学单词记忆下来，这样集中的强化自我训练效果最好，是真正在训练大脑、熟悉方法。

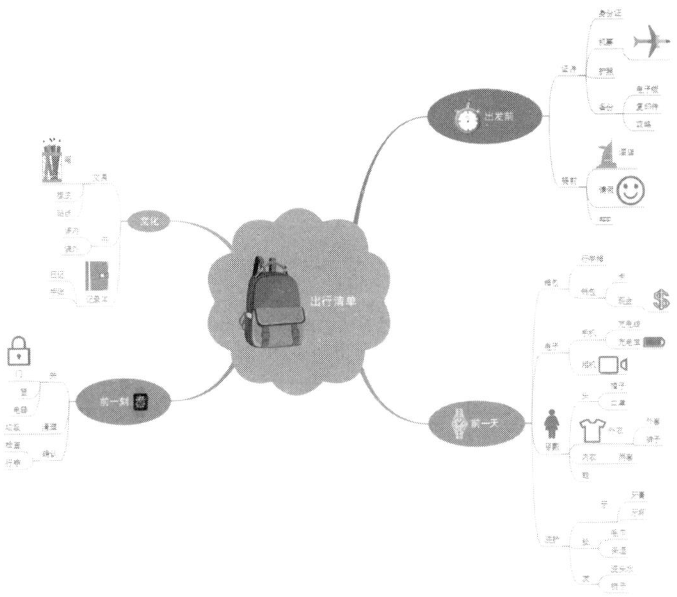

很多人在学校每天学习新课文才会去记忆新单词，每天 10 个左右还经常记不下来。这样的学习太被动。

2 000 个单词，每天如果记忆 50 个，大概 40 天就记忆完，如果记忆方法掌握得好，每天记忆 100 个也不是问题。前面提到的倪梓强同学，10 分钟记忆 50 个单词非常轻松。具体的方法在《超级脑力训练》中有详细的讲解，这里提供给大家部分英语单词的图像联想记忆提示。参考这个模式把所有的单词记忆下来，等下学期开学时就可以省下很多的时间去攻克一些自己薄弱的科目。

但图像联想的单词记忆方法也有它的短板，比如读音上需要在课堂或者自己找音频好好跟读。

2. 单词联想记忆举例

nice| nais | a. 精密的；美好的

分析：ni—“泥”的拼音　ce—“车”的近似拼音；

记忆方法：把泥巴抹在车子上是一件很美好的事。

meet | mi:t | v. 遇见，相逢

分析：me—我　et—外星人

记忆方法：我遇到一个外星人。

answer | 'ænsər | n. 答案　回答

分析：an—“按”的拼音；s—外形像蛇；we—我们　r—外形像小草

记忆方法：按住一条蛇，让它回答为什么要破坏我们的草地。

look | luk | v. 看

分析：loo—外形像数字 100；　k—外形像机枪

记忆：我看到 100 把机枪。

family | 'fæməli | n. 家庭

分析：fa—“发”的拼音；　mi—“米”的拼音；ly—“老爷”的拼音首字母；

记忆方法：发米给家庭里的老爷。

pencil | 'pensl | n.—铅笔

分析：pen—钢笔；　ci—“吃”的近似拼音；　l—“了”的拼音首字母；

记忆方法：钢笔吃了铅笔。

ruler | 'ru:lə(r) | n. 尺子

分析：ruler—“入了”的谐音；

记忆方法：把尺子放入了铅笔盒。

case | keis | n. 情况；箱

分析：ca—“叉”的近似拼音；　se—“蛇”的近似拼音

记忆方法：叉一条蛇放入盒子里

watch | wɔtʃ | n. 手表

分析：wa—“哇”的拼音，t—“她”的拼音首字母；ch—“吃”的拼音首字母；

记忆方法：哇，她竟然吃手表啦。

call | kɔ:l | v. vi 呼叫；n. 电话

分析：c—“吃”的拼音首字母；all—所有；

记忆方法：打电话找人来帮忙吃掉所有的东西。

lost | lɔst | v. 遗失

分析：lo—10，st—手套。

记忆方法：她太粗心了，竟然已经丢了十副手套。

cousin | 'kʌzn | n. 堂兄弟，姊妹；表兄弟姊妹

分析：cou—臭的近似拼音，si—死，n—几

记忆方法：表弟身上能臭死好几个人。

daughter | 'dɔ:tə |n. 女儿

分析：da—大，u—杯子，gh—桂花的拼音首字母，te—特的拼音，r—忍的首字母。

记忆方法：桌子上的大杯子里有一束桂花，特别好看，我女儿忍不住伸手要拿。

picture | 'piktʃər | n. 照片；图画

分析：Pic—猪（pig）的近似拼写；tu—“兔”的拼音；re—“热”的拼音；

记忆方法：猪画的这幅兔子图画很热门。

dear | diə | a. 亲爱的

分析：d—“弟”的拼音首字母；ear—耳朵；

记忆方法：我那个亲爱的弟弟只有一只耳朵。

photo | 'fəutəu | n. 照片，相片

分析：ph—“泼猴”的拼音首字母，o—外形像球；to—介词“去”

记忆方法：一个泼猴（孙悟空）抱着球去照了一张相片。

plant | plɑ:nt | n. 植物

分析：pl—漂亮的首字母，ant—蚂蚁

记忆方法：漂亮的植物上面，经常会有蚂蚁。

更多单词拆分联想练习及参考答案可以关注“超级脑力训练”公众号，回复对应年级获得相应资料。

8.4.6 课外见高低，初二学生的暑假逆袭

2016年的暑假，我培训过一个新疆的初二学生，他是个性格比较腼腆的男孩，话不多，这是我对他的第一印象。在培训的一个月里，他不仅仅训练十大记忆项目，同时也对英语单词，课文进行识记和背诵。当时他的成绩并不是最优秀的。

回校后，他继续坚持每天至少两小时的记忆训练。学习成绩也有了非常明显的提高，在同年的城市赛中还拿到了季军，还顺利通过国家赛的选拔，晋级新加坡的世界脑力赛场并拿下世界记忆大师称号。

记忆训练不仅仅体现具体在记忆能力上，掌握了系统的自我学习和训练的技巧，也会对后续的学习产生极大的帮助。

这是一个普通男孩的暑假逆袭经历，没有很神秘，也没有天降奇才，只是不断地努力，形成一套适合自己的训练和学习体系，从而在人生的早期实现了一次美丽的绽放。

8.5 16岁及以上成年人

如果有按照前期的大脑训练路径一直训练记忆力，熟练掌握记忆工具，这个时候就是收获的季节了，因为已经内化为大脑记忆和思考的习惯，成为个

人高智商的一种表现。

如果是从这个时候开始学习和使用记忆方法及工具，解决工作、学习、生活中的记忆问题，对于问题的解决也可以达到事半功倍的效果。

8.5.1 记忆方法和学科应用相结合

高中生理解和掌握能力很好，但他们课业负担重，很少愿意花时间在和课本考点不相关的记忆材料上进行训练，他们需要立竿见影的效果，并能够快速把方法直接运用在日常的考点和难点上。

高中生的自主学习能力及目标导向性较强，这个时候不是很适合再拿出时间系统地从简单的材料或者和考试没有直接相关的材料开始训练。他们时间紧、负担重，很难静下心来重新从基础材料开始训练。但是如果前期有过记忆力训练的基础，这个时候是非常好的运用阶段，比如运用图像联想的方法快速背诵单词、历史年代记忆、地理地图记忆、政治概念记忆等，这些都可以大大提高记忆效率。理科以知识点的逻辑考核为主，利用导图分析错题原因，利用错题解决方案有条理地解决错题、建立错题本，利用“五一复习法”提高整体学习效率。这些方法都在书本中有详细的讲解，可以套用方法在学科中强化运用，这也是一种训练。训练一开始就是实战，相对会难点，但也是受益最大的方式。

8.5.2 学霸们，到底因为什么而不同

能考上清华北大的学生，一般在各自的学校中都是学霸级别的存在，揭开学霸们的神秘面纱，可以看到一个实实在在努力加方法的个人成长经历。

最强大脑选手倪梓强从 13 岁就开始学习记忆法，后来多次参加世界脑力比赛，并且拿下多个项目的奖牌，成功被北京大学录取，其在自主招生面试时只用了两分钟就记下了《史记》的三段古文。

张师与，2009 年还在读初三的他获得“世界记忆大师”称号，2011 年被保送复旦大学数学系，2014 年留学美国纽约大学。

黄华珠，读初二时获得“世界记忆大师”称号，2014 年最强大脑选手。2015 年毕业于南宁三中，考入香港城市大学。

王点点来自青岛即墨，2011 年参加第 20 届世界记忆锦标赛获得“世界记忆大师”称号，2014 年被剑桥大学录取。

著名央视主持人撒贝宁，经常开玩笑说，自己是被保送北大的。他在接受东方卫视的采访中讲到自己记忆力好的原因，是因为从小就知道很好地利用图像来记忆。

学霸们除了努力，自律外，还有一个很重要的原因就是懂得运用好的方法，充分挖掘左右脑潜能，达到高效的学习效果，这就是学霸的不同。

8.5.3 记忆方法的生活实战运用

步入社会的成年人有强烈的自我概念，他们个性鲜明，能够自律、自主和自我负责。成人学习是在已有知识之上进行的再学习，成人学习目的明确，以有用、及时为学习取向，以解决问题为核心。

成人的学习训练都是以目标为导向的，鉴于这种特性，在接下来的训练讲解中围绕着成年人在职场、生活中怎样快速运用方法和工具达到高效解决问题举一些经典案例。

1. 日常时间记录表

很多人都有做计划的习惯，有的在笔记上或者手机上详细记录，有的则强记在脑中。在本子或者在手机上总是要不停翻看，强记在脑中则没有方法和关联物的提示，容易忘记。所以在此基础上，能不能有更简便的方法，既能提高效率又能锻炼大脑能力呢？当然有的，并且还非常简单。在前面的记忆学习中经常要记忆很多数字、词语和文章，其实把其中一点点能力运用到生活中就足够应付了。比如今天有重要的五件事要做，需要把时间、具体事项记住，只需要在自己的身上找五个视桩就可以。

视桩的原理和地点桩是一样的，只是选择的对象不一样，在身上找的视桩叫身体桩，可以按照从上到下或者从下到上一定的顺序找出身体几个重要的部位，规定好顺序后就把我们想要记忆的东西利用前面学习记忆宫殿的图像定桩模式轻松记住。如果需要时，只需要回顾一下身体的各个部位当时都有哪些场景图像出现过，就能想起具体的安排了，这就是利用右脑图像和空间想象相结合的最佳记忆模式。

比如今天早上 7 点要出门送孩子上学，可以想象 7 是个拐杖，这个事情发生在头发上，我拿着拐杖牵着孩子去上学，如果加入开心的心理感受图像会更生动深刻。10 点要和孩子的老师打个电话，10 图像是棒球或者蛇，可以想象一条蛇趴在肩膀上，当时耳朵上还贴着一个手。这就有点恐怖了，其实恐怖也是一种情绪，是最难忘的情绪。接下来可以是手掌、肚子、大腿、脚掌。可以轻松地把要做的事情一一放上去，时间用数字编码图像，具体的事项找到关键信息，做关联图像就可以。

当你在忙碌的时候不要停下来，可以随时在身体上找到一个桩子，把要做的事情和时间快速挂上去，有图像的加持，加上视桩的提醒，记忆的准确性和持久性会大大提高。

2. 列个清单，说一遍就行

除了身体的视桩，其实我们身边还有很多很多有固定顺序并且非常熟悉又有具体图像的桩子。比如人物桩，家庭的顺序排列，从爷爷、奶奶、爸爸、妈妈、哥哥、姐姐、自己、弟弟和妹妹。这九个固定顺位可以用来记忆至少九组信息，如果不够前面可以加曾祖母，后面可以加侄子、侄女等。当然这样一套人物桩子因为相对比较少，所以解决生活中的一些需要临时记忆的内容倒是非常合适的。比如出去购物，拿着清单做事不够高效，如果没有清单又容易遗漏物品，所以用方法记忆还是最省事的生活小诀窍。

要买的最重要的东西是米，因为家里没米下锅了所以先排在第一位，脑海中想象爷爷头上顶着一袋大米，米袋子还漏了，从爷爷白头发上掉下来了。这样联想的目的是通过爷爷的特点把要购置的东西形成统一的动态图像，这样回忆会更加清晰。第二样东西可以是西瓜，天气热了，家里人都想吃个西瓜，想象奶奶啃西瓜的场景。后面要买的物品都可以如此联想挂钩，因为这个地点桩人物本身就有情感和动作的，所以非常容易联结记忆。

3. 快递号，看一遍就行

生活中经常碰到需要打电话给客服查看快递，快递语音提示需要输入那长长的单号，这可费劲了，输入一下回头看一眼，最后干脆不查了。类似查号码、输入单号的事情生活中经常发生，但是要解决这个问题其实一点不难。数字在 9 位以内，我们勉强用强记的方式，快速不断重复，短时间复述出来还是可能的。但是很多情况是超过 10 位的，比如手机号、订单号，这时只需要运用 5 个左右的桩子就可以完全解决问题。一个桩子可以记忆四个数字，一共 20 位，完全可以应付生活中碰到的数字问题。5 个桩子可以站在自家的客厅中央，想象从门口走进来，从左到右或从右到左数 5 个物品，记住它们的排列顺序。比如第一个是大门，数字是 2846，可以想象一个恶霸吃了石榴，把石榴籽砸在了门上。第二个是沙发，数字是 7833，可以想象沙发上的西瓜上镶嵌着一颗大大的钻石。

碰到类似的问题，只需要把家里的五个桩子或者更多桩子拿出来，就可以很轻松地解决临时需要记忆的问题了。

第9章

高超的记忆力为职场添彩

记忆方法和工具的实战应用中，不断提高职场的竞争力。

从学校走入社会，我们会面对各种考试和挑战。社会中的考核可不单单只是一张试卷那么简单，面对同事、老板、客户等形形色色的人我们需要展示自己，这就需要一个清晰的逻辑、良好的记忆以及沟通和表达能力。公开表达和演讲最害怕的就是中间卡壳、大脑短路，怎么摆脱这种问题呢？当然还是要掌握一些实在的技巧，才能放松并更有底气。

9.1 自我介绍

首先我们来解决进入社会的第一个问题，就是如何做面试时的自我介绍，向他人推荐自己。首先要逻辑清晰，可以运用之前的思维导图发散技巧，绘制一份自我介绍的导图。导图第一分支就是基本信息，下面包含个人姓名、籍贯、年龄、就读学校（具体专业）；第二分支通过学校自然联想到在校表现，学习成绩（相关证书，获奖经历）、特别经历（个人特长，组织沟通）；第三分支实习经历（成功经历，最大收获）；第四分支关于对求职公司（公司背景、职位要求）；第五分支个人和公司之间的价值创造（个人匹配，未来期望）。

根据上面发散的五点，每个点下面都有下级分支，逻辑思路清晰、详略得当，并且尽量先讲事实再摆道理，这样更有说服性。这五点层层递进，更加引人耳目，让人愿意倾听。解决了逻辑问题，第二个问题是如何更加轻松记忆，哪怕在高压力的状态下，也能时刻找到方法和线索快速实现柳暗花明，当然也要结合地点桩联结的方法。

一般自我介绍不是背文章，所以不需要逐字逐句，只需要记住五大要点就完全可以了。找到五个熟悉的地点桩，第一个比如是大门——基本信息，转化的图像可以想象大门上贴着一张自己的身份证。第二个是沙发——在校表现，一个缩小版的学校模型摆放在沙发上。第三个是茶几——实习经历，一位实习生模样的人把文件夹放在了茶几上。第四是饮水机——求职公司，饮水机上贴着求职公司的 logo 及大老板照片。第五是打印机——价值创造，可以想象打印机不断吐出人民币。

五个桩子的选择一定是自己非常熟悉的，如果没有熟悉的桩子，也可以用身体桩、人物桩和数字桩，哪个熟练用哪个。

9.2 自学一本书，快速通过一场考试

每到考试临近，我相信很多人的心中都会有些许的焦虑和不安。尤其是人在职场，压力大、时间紧，很多考试准备的时间非常短，但好在绝大多数的考试如果有一个好记性就能够轻松应对了。这个方法帮助我通过了很多形形色色的考试。甚至有一次我在朋友的提醒下才想起来还要参加一场考试。此时离考试只剩下两天时间，但是神奇的是最后的考试成绩也得到了 71 分，这是我真实的经历。我到现在还记得，当时考场外很多人拿着书在复习，而我站在那里根据书中的目录，结合我的定桩挂钩在脑海中复习考试要点。这种感觉让我终生难忘，因为有一种超脱、自信的感觉，我可以不用看书就能够想起我曾经尝试记忆的东西，而不再像以前一样，拿着书、看着笔记，一遍一遍重复记忆。

当很多读者发信息和我说快要考试却不知道该怎么办的时候，我心中也为他们着急。

本书强调的是训练和运用，所以会着重讲解如何短时间快速记忆一本书的重点和考点，并且能像我一样闭上眼睛，在脑海中进行翻书来复习知识点。当然运用这些能力的前提还是需要掌握前面提到的记忆方法和工具。

成年人的考试，绝大多数都是自学，考试时最重要的就是那本教材，如果已经临近考试了，配套的试卷和练习题就不如教材重要。印象最深刻的是我在准备一场考试的时候，一天把一本书从头到尾复习了一遍，但是复习是有方法的，要懂得什么是重点，什么可以在这个时候先放下。

1. 记忆步骤

①拿出核心教材，根据教材目录中章节的多少分配地点桩；先用数字编码记忆下来一共多少章。

②每章内容下面有若干单元，每一单元的内容可以安排一套地点桩（30个）或者10个地点桩为一套，具体多少根据本节需要记忆的内容来确定，并非是固定不变的。

③根据每个章节后面的问答题及重点提示或者相关参考书，把重点画出来。（画重点尽量画关键词语，不要画线条和段落。并且用小导图的模式把每部分的关键信息整理在一起，这样在逻辑上就形成了整体。）

④一个单元完成后马上把这些小导图分别联结到记忆桩子。（小导图的模式就好比一串信息，建立了一定的理解和逻辑框架后挂上地点桩可以更省事。有的分支信息如果你只需要知道主干就可以想起，那么分支信息就不用细化定桩，就等于可以在一个桩子上挂一串信息）

后面就是如此循环，直到把一本书的重要考点和书的逻辑框架想出来。这个效率是极高的、可检测的，回忆的时候有迹可循。焦虑和彷徨的原因只是因为不知道自己刚刚看的东西是否记住，闭目想又不知道从何想起。

2. 注意要点

①如果前面的基础不扎实开始会觉得比较吃力，所以前面涉及的方法和工具尽量去练习，这些小练习后面就会运用到这个系统的大工程中了。

②因为是一本书，所以对地点桩的数量要求较多，每一套地点桩的顺序

要记忆清楚。比如我之前的地点桩是在出差路上收集的，所以我常常用不同省份的地理位置来排序，比如有南宁，广州，张家港，上海，北京等，这个时候会根据整个地点从南到北的顺序应用。当然具体的排序方式有很多种，也可以直接用编码标序号。

③记忆不同的书本内容，可以重复使用相同的地点桩。比如我用同一套桩，分别记忆过《道德经》《论语》，在回忆时不会出现混乱情况。因为两本书内容不同、情景不同。需要注意间隔时间，一定是背完一本书才能把同一套桩子运用到下一本书中。记忆同一书本内容同质性太大，要求的是长时记忆，所以尽量不要用同一套桩，否则容易出现混乱。

④地点桩的收集对很多人来说是一个拦路虎，很多人咨询我的时候考试时间已经很临近了。所以希望现在看到这本书的读者平时可以存储一些地点桩，以备考试的不时之需。

⑤保持良好的心态。任何新方法和工具的运用都有一个磨合的过程，但是要知道工具和方法后劲是无穷的，这样的例子举不胜举，所以一定要谨记，保持好的心态，以目标为导向，碰到困难也要有坚持的勇气。

3. 案例解析：基础心理学

以《基础心理学》这本书为例，书中有很多要考的知识点，另外抽象的词语非常多，关于抽象词语的记忆方式有多种，在前面的基础知识中有详细讲解。当抽象词语出现在一个整体语境中时，需要在理解的基础上结合联想方式，这样记忆会更加高效。

基础心理学一共九章，所以每一章先用数字编码定桩记住，掌握每章的大概内容。

第一章绪论。1 的数字编码是树，绪论先理解其意思，然后通过联想法，想象有胡须的人坐在树下论道。

第二章心理活动的生理基础。2 的编码是鸭子，可以想象一只鸭子心从嘴里吐出来，因为这是鸭子的生理现象。

第三章感觉、知觉。3 的编码是耳朵，可以想象感觉到耳朵上有一只知了在睡觉。

第四章记忆。4 的编码是红旗，可以想象红旗插在机翼上面。

第五章思维、语言及想象。5 的编码是钩子，钩子勾住了一头大象，大象鼻子像丝带一样，缠住了一只雨燕。

第六章意识和注意。6 的编码是勺子，医师拿着勺子时注意力很集中。

第七章需要和动机。7 的编码是拐杖，有需要拐杖的，同时送一只冻鸡。

第八章情绪、情感和意志。8 的编码是葫芦，葫芦上一直飘着一些轻絮，是从青柑上飘过来的。

第九章能力和人格。9 的编码球拍，一个人打用羽毛球拍打球的能力格外强。

现在根据编码的图像提示，先想编码再根据每个编码相关联的图像想起整个内容。因为这个是我自己想象的，所以写完后我就可以完全想起来。但是作为读者，因为是被动接收，所以如果一遍没有记住也是正常的，或者可以自己尝试重新联结，这样就可以记住了。

①对整本书的总体把握，当回忆起这本书，想要了解具体章节的内容时，只需要找到编码就可以轻松想起来。

②每章内容下面有若干单元，每一单元的内容可以安排一套地点桩（30 个）或者 10 个地点桩为一套，具体多少根据本节需要记忆的内容来确定，并非固定不变的。

第一章一共包括四个单元：第一单元，基础心理学的研究对象及内容；第二单元，人的心理本质；第三单元，心理学发展简史；第四单元，研究心理现象的原则和方法。

这一套地点桩一共十个。

第一个桩子是盆栽，第一单元的题目是“基础心理学的研究对象及内容”，从这个单元的题目中选择“对象、内容”作为关键图像词，作为整个题目的关联词，帮助回忆整个题目。想象为：“盆栽上面有两只大象泪流（内容）满面”。

第二单元题目是“人的心理本质”，想象为：“有人坐在沙发上拿着一颗心在仔细研究的样子”。放在安排好的第二套桩子的第一个地点桩上。

依次下去，根据每一套桩子的第一个地点桩记住每个单元的主题。

③在完成基础框架记忆后开始第一单元的重要知识点记忆，但是在记忆之前，先把第一单元中的重要知识点画出来，然后用小导图把这些知识点整理出来，形成直观的视觉图片。如下图：

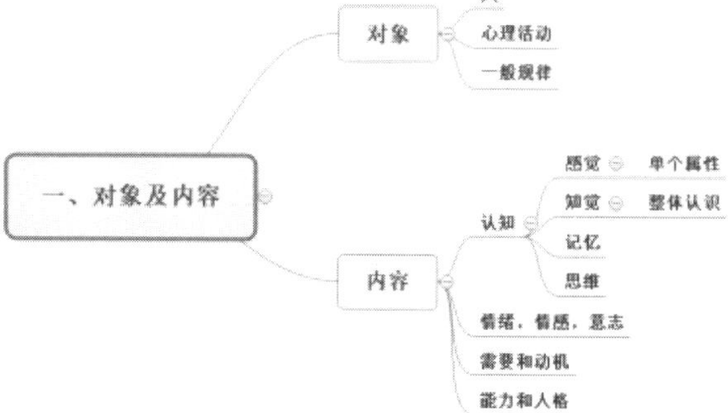

④小导图的内容放在白色沙发这个桩子上。

小导图分为两个分支，事实上分支的设立已经是视觉化的呈现，如果分支少，则不需要另外再分别联结桩子。只需要运用图像记忆把一些点进行联结、协助记忆。第一个分支："对象"，我会在理解的基础上再想象一个图像，"人""心""规"这三个字可以协助想像为："人心像乌龟一样活动"。

第二个分支："内容"，认知（感知记思），想象协助："感谢知了在祭祀。"

其中"单个属性和整体认识"想象时可以分别想象成一个水果和一筐水果的区别。

一个单元大概十个小导图能够把重要的知识点考点整理出来，分别联结到 10 个地点上，那么就可以用十个地点桩结合关键词联想法把整个单元的内容全部记忆下来。

4. 分析总结

小导图就是一种通过线条的方式进行梳理和排列的视觉化记忆和理解工具，当分支控制在一定数量时，记忆效果和使用宫殿单独定桩差不多。但是又因为抽象材料对于逻辑和理解的重要性，它们更适合用小导图的方式进行呈现，而不是拆碎放在单独的地点上。分支出现多个知识点可以用关键词联想进行协助记忆，如果出现数字类、字母类、其他符号类内容，就可以参考前面学到的内容转化为可以记忆图像协助记忆。所以导图、宫殿再结合关键词图像联想的方法取长补短、融会贯通，达到最快最高效的记忆。

此方法要了解导图和宫殿之间的异同才能真正理解运用，宫殿是我们人为通过身边熟悉的一些材料，设定它们的顺序并在脑中形成固定的认知，这和最开始我们记忆数字的顺序是一样的。数字顺序对成年人来说是常识和逻辑，但是对于刚刚识字的小孩却不是。并且数字的顺序比物品或者前面用到的人物桩、身体桩和地点桩的顺序记忆更难，因为它更加抽象。小时候我们只能靠死记硬背来记忆百位数字的顺序，但是物品的位置是客观存在、充满图像感的，几乎看一遍就能记忆下来。这也是为什么运用地点桩的原因。当然地点桩的创建有一些规则，遵循这些规则会让宫殿的运用更加容易。

如下图，宫殿的创建规则：

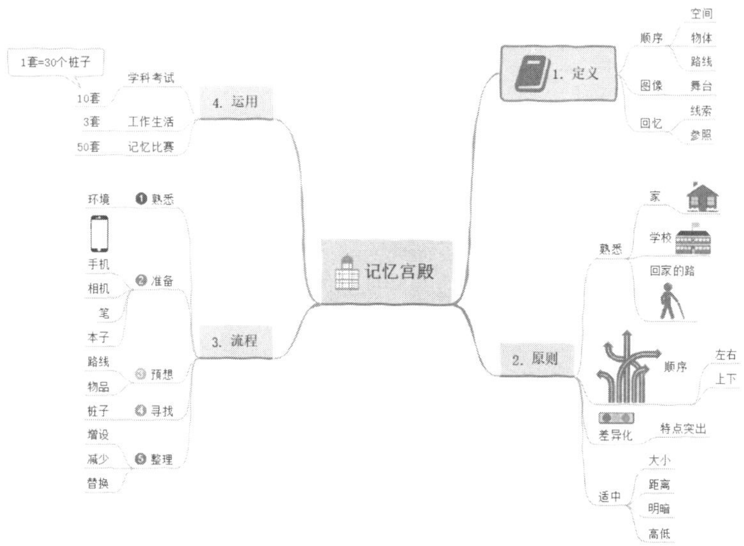

下图是我记录的部分记忆宫殿的使用笔记，一般到一个城市都会收集一两套地点桩，积少成多，慢慢熟悉，以备后需。

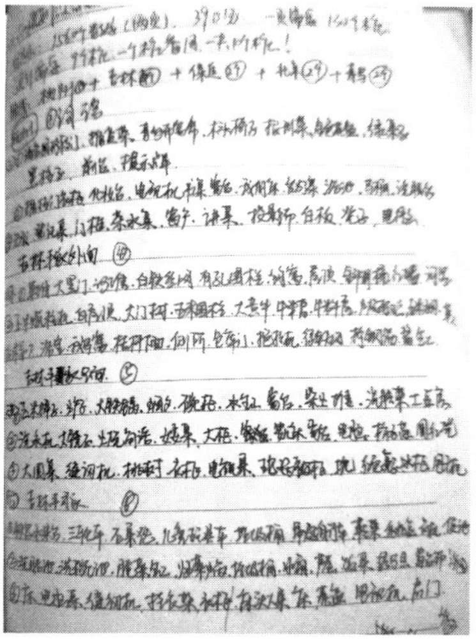

也可以用表格的形式整理出来，如下图；地点桩的选择可以从任何起点开始，任何地点结束，只需要按照一定的顺序找满 30 个或者 10 个一组。

第一组：我家 起始地点：厕所 结尾地点：房间					
厕所	厨房	客厅		房间	
1 厕所木门	6 煤气罐	11 红色平底锅	16 墙上镜子	21 红色书桌	26 白色书桌
2 铁勾	7 铁锅	12 大黑桌	17 铁大门	22 球拍	27 铁衣钩
3 白色下水管	8 调料架	13 冰箱	18 木制饭桌	23 布衣柜	28 房门
4 贴报纸的窗户	9 水槽	14 独轮车	19 高压锅	24 蚊帐床	29 空调
5 热水器	10 水管	15 白色水桶	20 垃圾桶	25 风雷照片	30 泡沫垫子
第二组：我家楼下 起始地点：我家楼下 结尾地点：小房间					
旧货和美容			对面超市		
1 楼下大铁门	6 半圆桌子	11 紫色的床	16 圆形前台桌子	21 电脑桌	26 梳妆台
2 旧货红色牌	7 鱼缸	12 墙壁美女画	17 冰箱	22 小电视机	27 长竹子凳子
3 落地镜子	8 产品架子	13 落地风扇	18 儿童车	23 落地大镜子	28 玻璃门
4 电脑	9 镜子	14 小孩自行车	19 斜坡	24 洗头黑皮床	29 圆形转动灯
5 发光标识	10 洁面仪	15 净水机	20 公用电话	25 洗头凳子	30 小操场
第三组：凌塘老住处 起始地点：以前楼下 结尾地点：移动公司					
1 面包车	6 空调	11 垃圾堆	16 自行车	21 小s广告牌	26 木材屋子
2 水泥坡	7 面馆玻璃门	12 铁栅栏	17 圆形花圃	22 木藤椅子	27 早餐台
3 三个垃圾桶	8 饭桌	13 保安亭	18 竹子林	23 树立冰箱	28 打菜长台
4 一排红砖	9 玻璃放菜台	14 洗车棚	19 废弃小屋	24 收银台	29 电视机
5 黑色小汽车	10 窗户	15 水枪	20 方形冰箱	25 高阶台	30 烂木头
第四组：移动公司 起始地点：台阶 结尾地点：移动公司					
1 台阶	6 西藏花墙壁	11 玻璃栏杆	16 电子显示屏	21 电视机	26 玻璃门
2 方形水塘	7 邮件提示牌	12 电梯	17 黄色沙发	22 门把手	27 投影仪
3 大玻璃门	8 安全门	13 电脑	18 茶几	23 收缩白色屏风	28 前台
4 保安高脚桌	9 楼梯	14 荣誉屏风	19 饮水机	24 荣誉人物墙壁	29 积分排名栏
5 玻璃房间	10 小树盆	15 奖杯架	20 按摩椅	25 玻璃房	30 五羊
第五组：路上 起始地点：581公交站 结尾地点：地铁口					

5. 导图的本质

导图的本质也是建立一种秩序，并且把这种抽象的逻辑秩序通过线条视觉化展示出来，提高记忆和理解的效率。这方面和记忆宫殿的作用是一样的。相比宫殿最大的不同就是对于抽象、有逻辑有系统的材料可以更直观地展示出来。而无关联、无逻辑的一些知识点可以凭借宫殿本身具备的图像和顺序建立顺序，达到以熟记新的目的。所以，当要记忆一本书时单纯使用导图或者宫殿都是不够的，一定要把两者结合一起使用。

如果单纯使用宫殿，一本书中的知识点单个拆分出来可能需要成千上万个记忆桩子来记忆，这对于非专业的记忆训练者来说非常难、也不切实际。但是如果用导图，建立关键信息的逻辑框架和秩序是不错的。一个导图中的内容不能太多太杂，否则效果就会打折扣，所以把大导图拆成小导图，然后再结合宫殿分别定桩记住顺序，关键词联想记住小导图中的重要内容。

另外关于导图的绘制和关键词的选择也是有一定规则的，要精简且突出重点，如下图，通过导图模式说明。

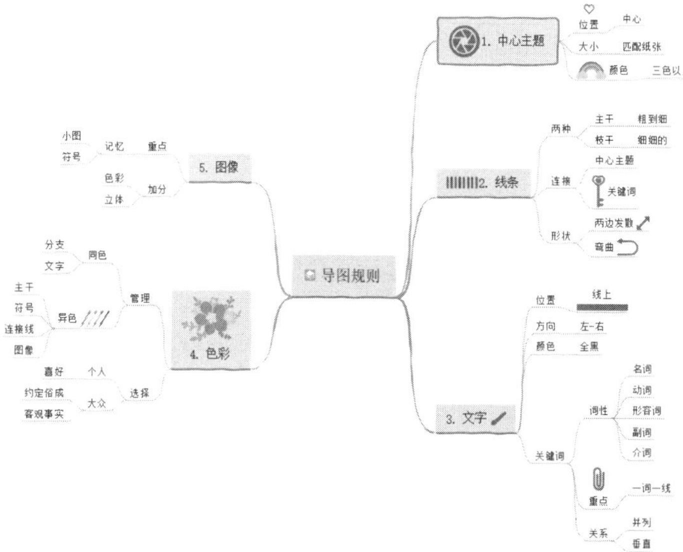

6. 记忆材料越复杂，方法运用越要灵活

短时间掌握一本书的内容和记忆完全无逻辑关联的材料还是有很大区别的。很多人在使用方法记忆的时候容易产生误区，这个误区有时候反而影响到对整本书的记忆和理解速度。

记忆方法的使用主要是两个部分，一部分是无规则、无逻辑的材料类，要求准确率极高，所以要求每个点都需要用图像和宫殿的模式记忆下来。就像比赛和参加大脑记忆类的节目，提供的材料之间的逻辑关联很少、内容也相互独立，所以需要更多的地点桩来帮助记忆。

但是书本不一样，书本是应用类的记忆，内容上逻辑性、关联性强。书本强调知识体系之间的逻辑关联，所以尽量在不破坏这些关联的前提下建立一个有秩序的图像记忆，才能更加高效。不能追求一字一句地记忆，而是侧重关键词和逻辑的记忆和理解，能根据前面的定桩、导图和关键词复述总体内容。

单纯用一种方法记忆书本中所有的知识点是不够的，这并非最好的记忆方案，同时也会破坏对整本书结构性的理解。所以方法的运用要结合导图模式、宫殿及关键词联想的方法。

书本中最大的难点就是抽象的概念不知道如何转化为图像，这在我前面的案例中有展示。抽象的概念中独立的知识点和一些难于理解的点都可以转化图像的方法协助记忆。

把各个小导图定桩在熟悉的宫殿中，再把小导图分支中的重要信息运用关键词联想法快速联结，在回忆时就可以顺藤摸瓜轻松记忆整个知识模块，达到事半功倍的学习效果。

9.3 自学能力迁移，3个月学好英语

如果问训练记忆力给我最大的收获是什么，我想不仅仅是记忆力、专注力或者想象力的提升，而且还有真正拥有一套自我成长、自我学习的体系。在这个体系中，很多具体的方法和步骤都是共通的，这当中包括如何管理精力、制定计划、设立目标、总结分析、效率提升、反馈精进、状态调整到最后的目标达成。

记忆术既是一门技能也是一门学问，掌握它可以提升记忆事物的效率，还能改变大脑的思维方式。同样，英语也是一个和人沟通的技能，也能了解其他语言的思维方式和文化背景。这两者共同点是它们都是一门技能，技能的掌握需要方法，更需要正确的训练才能达到熟练运用。

这一章的内容我想通过把记忆训练的一套方法套用在英语训练上产生不同成果的详细方案展示给你。如果你的英语具备高中毕业生的水平，大约掌握

3 000 个词汇，按照我的方法刻意训练 3 个月，就可以在不借助翻译提示下听懂一半以上的英语类广播、电视及演讲。达到这样的水平后，后期学习和运用的材料就愈发广泛，也可以不费力地将英语运用到进行日常生活和工作之中。

1. 英语真的那么难吗——一位英语学习者的迷茫发问

我自己也是这英语学习大军中的一员，十几年的学校学习并不能让我讲一口流利的英语，打开英语广播和电视也听不懂他们在讲什么，这让我很痛苦。毕业后虽然也有断断续续的学习英语，但是效果并不理想。

英语真的那么难吗？英语既不是高精尖领域的技术，也不是非要具有特殊才能才可以掌握的技能。它只是一门沟通的语言。那为什么有那么多英语学习者越学越迷茫，越学越气馁呢？根据我自己在中国英语学习环境中浸泡的这些年，以及对身边伙伴的观察发现，最大的问题是用错了方法、走错了方向，明明是一个需要训练的技能，偏偏把它当一门科学来研究，这能学出来才奇怪呢。

2. 树立目标：我为什么要学好英语

中国和世界的连接越来密切，各行各业多少都会接触到英文，也许能够多听懂点、能沟通，就比其他人多一些机会。一场说走就走的旅行，教一教牙牙学语的孩子，看一部精彩绝伦的好莱坞大片，这些可能都会用到英语，也时刻会刺激着自己想要学好英语的神经和一颗不甘沉默的心。

所以如果要学好英语，就要找到其中一个具体的目标，设定好时间、选好方向，这样才能制定相应的学习和训练计划，短时间突破、掌握英语这门沟通技能。

能让我重新进行三个月的强化英语学习和训练，最大的动力来源于工作的需要。我希望自己能够全方位的掌握英语，达到听说读写的全面提升，真正让英语成为一门能获取信息和传递信息的技能。

3. 找准方向：短期强化输入、长期实践应用

我通过看书、读文章和听演讲分享及周边观察等，了解过很多英语学习者的成功经验，也在不断总结他们的英语学习成功的共同点。他们当中有很多人能够背诵一本单词书甚至是字典，有的能够大段的背诵英文小说，当然还有人能把上百集的英语对白脱口而出。这些人都有一个共同点，他们在英语学习中有短期强化训练，且后期一直有坚持应用。

所以很多人建议，不停地说就是了，这也太片面了。首先要做到的是有一定的输入，再进行输出。输入最好的方式是精听、记忆、模仿；输出可以通过主题复述、写作和沟通。有了前面的输入才能有后面的输出，有了后面的输出才能检查前面的输入情况，这个时候再分析总结哪些输出出现一些语法不清、单词用法不明的地方，记录下来、查找语法书，这时语法学习效率才高。

4. 训练步骤：循序渐进，精进练习

三个月的强化训练，足以打破前期学校学习英语时的学了忘、忘了学的低水平重复期，突破初级瓶颈，达到较高听说读写能力，为后期持续应用提供了扎实的基础。

第一步是精听和泛听，听得懂很重要，不要太难也不能太过于简单，我比较推荐的教材是新概念英语，如果英语基础能够达到高中水平，从第二册开始精听就很合适。新概念英语的文章从易到难时间都是一分钟左右，非常适合练习精听，精听过程一定保持专注，不需要全部写出（目的是提升效率），只需简单记录重点词汇，把听不懂的词汇根据读音写出来。大概听五遍，五分钟左右，如果五遍还是没有听出来，说明这个词语要不就是没有学过的或者有连读和弱读的情况，因为听的少，所以分辨不出来。第六遍可以边听边看着文章，把刚刚没有听出来的词汇都标识出来，做好笔记，确定是读音不准、词汇不足还是语法不理解的问题。然后再听 5 到 10 遍，确保每个单词都能听懂，且能够把每个陌生单词都可以拼写出来。从不完全听得懂到完全听懂每个单词，熟

悉每个单词，用时 30 分钟左右。

当然每天短短的 30 分钟还是不够的，为了能够强化听力，能够更清晰地听出每个单词的弱读、连读，每句话的语调变化，泛听也是非常重要的，这为后面的跟读提供基础。怎样安排泛听呢？一般精听完的小短文，每天都需要抽出时间泛听。我记得在我训练记忆力时，会利用早上起床后，晚睡前各半个小时泛听之前要精听的所有短文。除此之外，还可以利用做饭、打扫、去洗手间等这类非脑力劳动时间，进行英语泛听。

泛听最忌讳的是听那些自己根本听不懂的材料。一方面泛听的专注力不如精听，另外听不懂的没有及时核对，进步极其有限。所以我建议泛听的材料一定是经过自己精听过后再强化训练的。一天的听力训练时间保持在 2 ～ 4 小时。

第二步是记忆短文和单词。我会先通过关键词联想，导图复述的模式（和背诵汉语小短文方法一样），用最短的时间先把小短文从头到尾背诵下来。这样对整篇短文结构和遣词造句会更加清楚，在每天泛听的时候也更能抓住一些细节。听多了、读多了自然就背诵下来的这种方法，本质上还是死记硬背，效率很低，并且注意力不容易集中，所以先用记忆方法把整篇短文快速背诵下来，后期在泛听及跟读强化，效果会好很多。

5. 英语字典记忆

记忆单词也是非常重要的一环。单纯的小短文，生词量极其有限，所以可以选择一本英语单词书，运用图像联想、拼读、词根词缀等方法结合遗忘曲线规律，进行高效记忆。我比较推荐牛津初阶英汉双解词典，第一，词汇应用广泛，里面的词汇都是经过挑选，普通文章和交谈中经常用到的。第二，数量合适，总共有 19 000 条词汇，不多也不少，其中还有 2 000 个经专家审定必须学习的英语核心词。第三，单词按照字母先后排列，单词间的相似性及相关性能够提升记忆单词的效率。特别是使用联想法及词根词缀的方法，好多单词都能实现以熟记新。

在记忆字典时，如果没有表演的需求，一般就不用页码和地点定桩，只需要认识和记住单词即可。一般一次记忆一个字母序列单词，比如A开始的单词，37页左右，开始不熟悉，所以用时比较长，大约需要2个小时，记忆过程中，如果熟悉的单词就快速跳过；认识但是不是特别熟悉的单词，拼读强化即可；完全陌生的单词，用笔圈住做个标记，然后看看上下游的单词中，有没有和它的意思相关的，外形相似的单词。运用联想法或者词根词缀法拆分记忆，拆分联想后，脑海中已经有一些印记了，可以记忆下一个单词，不要苛求一遍就完全记忆下来，这反而降低记忆效率。晚上做分析总结时，最好花5～10分钟时间，快速翻阅一下今天用笔圈出的陌生单词，强化单词的联想记忆。

第二天在记忆B序列单词前，同样快速把A序列单词先重新快速翻阅一遍，再进入到新的序列记忆。图像在脑海中产生的印记要比单纯死记硬背效率高很多，再结合短期的高效重复，单词越来越熟悉，复习速度也会越来越快，同时每个单词其实都是在特定的字母网格之中，好记也好查找。

（1）跟读及模仿

很多英语高手都建议过一种英语学习方法，就是“影子跟读法”，读一句跟读一句，实际操作过程，因为每个人的水平不同，所以操作的难易程度也不一样，对于水平较低的学习者，直接跟读，一般都很难达到效果，学习效率也非常低，特别影响英语学习的积极性。所以一定要在精听的基础上再进行跟读，跟读的过程尽量不要看文本，否则你的注意力在文本上，很难分辨专业读音和自己读音的细微差别。跟读过程一般可以和泛听相结合，边泛听边跟读，提升专注度的同时还能练习发音。

除此之外，可以下载一些英语学习软件，里面有很多英语资料，并且提供了跟读模仿和打分的功能，甚至会把发音不准确的词语标注出来，进行强化练习。

（2）积极的输出是训练也是反馈

没有及时的反馈是很难坚持训练一项技能的，积极输出是反馈的最好方式，输出的模式建议从易到难，一步一步来。每天根据练习的文章主题，把主人翁换成自己，再添加一些自己想象的内容，把这个事情讲述给身边人听，或者直接对着墙壁进行演练，演练过程中尽量录音，可以回听。时间从能坚持 1 分钟、3 分钟最后能滔滔不绝的讲半小时以上，这就是一个很好的提升过程。后期也可以不借助改造文章主题，直接自己选择对应主题来训练，这样就会越来越轻松，最重要的是很有成就感。

写也是很好的输出方式，刚开始时可以把自己的主题演讲写下来，参考语法书看看哪些地方有错误，同时也可以用一些翻译软件，把中文的意思说出来，看看翻译软件会提供什么样的翻译文本，和自己的进行对比。

最后是和人进行英语交流。现在互联网很发达，也有很多学习网站可以找到一些国外的或者国内的英语爱好者进行沟通学习。

6. 坚持：持之以恒，方得始终

除了科学的训练方案，英语学习成功与否还要看学英语的动机有多强烈以及能否持之以恒。拿出三个月进行强化训练，每天大约用时 7 小时左右，能快速达到使用英语的水平，当英语成为你工作、学习、生活及娱乐的一部分时，英语就已经踏上了正轨，才能朝着更高更远的目标前进。

有志者事竟成，从漫长的学习生涯中拿出 3 个月时间，照着我训练记忆力的模式，刻意训练英语，你会发现除了掌握了新的技能，也拥有了一套自我学习的体系。

7. 总结：善用工具，突破难点

难点主要表现在物质上、精神上和学识上。

先说物质，如何能够保证每天大量的英语听力输入？需要有一个耳机。

我之前记忆训练时选择的是防噪音耳机。另外长期使用耳机耳朵也会难受，所以我还买了一个语音智能音箱，只要连接蓝牙，就能把手机上的语音播放出来，非常方便。

学识上的难处，比如关于音标的发音规律、单词连读弱读的规律、语调的变化规律等，这些都可以通过互联网找到相应的视频课程多看几遍，在后续的训练中留意和强化。

接触真实的英语世界，让英语用词更生活化更地道，所以熟悉一两部英语电视剧是非常重要的，比较推崇《绝望的主妇》和《老友记》，前者发音清晰、用词规范地道，是个很好地模仿和训练的材料，后者更重要的是趣味性，能激发学英语的兴趣。除此之外，TED 的演讲及英文广播（App 上一般没有字幕）也是很好的实践和提升的材料。

最后，如果想获得相关英语学习的工具及相关视频名称，可以关注公众号“超级脑力训练”，回复“英语”，就可以获得相应链接。

后记

我的成功，你可以复制

如果想三个月成为记忆大师，我这里的成长方案可以作为参考，这是我个人记忆成长方案的记录和总结，很多其他相同目标之人，了解我的记忆成长经历后进行模仿、实践，最后也获得了成功。

记忆热近十年在中国开始风靡，并且越来越多的人意识到记忆也是一种可以训练的技能，并非天生不可改变的。系统学习和训练过记忆法的人，都认为对自己的成长帮助很大，很多需要死记硬背的内容通过记忆训练得到解决，人生也充满更多惊喜。

记忆的训练并非一蹴而就的。本书是我个人关于记忆刻意训练和应用的经历，希望给有进一步学习和训练记忆的读者们提供一个参考，形成自我的学习和训练的能力。其实关于记忆的训练，我最想分享的就是两点：一是刻意练习，二是实际应用。

拥有超强的记忆到底是为了什么？这也是要想清楚的问题。就好像每个人都知道努力学习英语可以讲一口流利的英语，但是讲一口流利的英语是要干什么？要想清楚，否则很难坚持下去。我看过很多自学英语成功的人士，他们都有一个明确的学习英语目标，只有这样才能引导从“要我学”到“我要学”的转变，训练记忆也是一样的，要有目标才能支撑自己愿意刻意练习，否则没有人愿意坚持长时间枯燥无聊的训练。

这 90 天不仅是记忆能力的提升之旅，也是掌握了自我学习、自我训练的一套程序、一套心法，它可以帮助你训练和学习任何其他的技术。

三个月的大师进阶计划

如果你有成为记忆大师的目标，那么可以参考我的训练安排，给自己制定一个记忆训练计划。当然如果仅仅是想掌握记忆技术，按照我书中前面讲述的一二三阶段的方法和训练就可以应用在实际的工作、学习和生活中，并且能够在实践中得到不断的强化和提升。

如下图，我的训练计划导图：

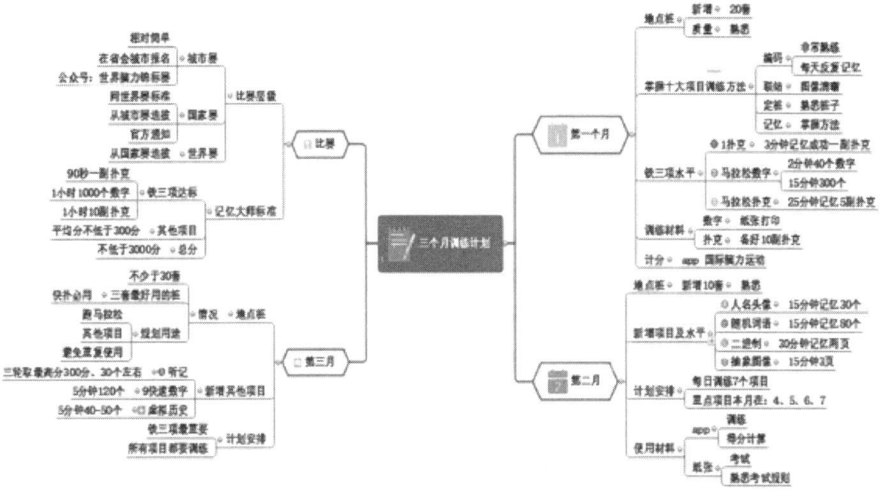

第一个月的训练重点及目标：

首先要完成的重点任务是搭建记忆宫殿，记忆宫殿总体数量不少于30套，每一套30个，这是针对比赛运用的，如果是平时其他运用，10个或者5个都是可以的。第一个月需要用的地点桩数量至少20套，其余的10套可以在后面二三个月陆续补上。

找地点桩主要三种方式，一种是实地去找，比如家里、单位、亲戚朋友的家庭、学校、公园、商场、平时走的路线等。第二种是运用回忆，我有将近10套桩子是根据自己的回忆写出来的。比如我以前住过的地方、工作过的场所、老家、村子路线等，因为非常熟悉，所以从开始进村一路到我家，路上都会看到哪些印象深刻的物品都能清晰回忆。虽然不能实地看到图片，但是因为非常熟悉，所以也能很快运用。这样的方法特别适合时间比较紧张的同学。实践出真知，找到自己的方法和节奏，他人的只能作为参考。第三种，在虚拟空间中找，比如游戏场景中找，动画片、电视剧等经典场景都是不错的省时省力选择。

第二个重点，掌握10个项目的记忆方法。其实10个项目的记忆材料虽然各有不同，但是记忆基本逻辑是一致的，就是观察、转码、联结和定桩。

第三个重点是训练的项目，这个月最重要的关键是“铁三项”，这也是十项记忆的基础。就好比学习九大学科，小学先从语文、数学再到外语，然后其他科目。有些科目就是基础的基础，打好基础后面的项目会简单容易很多。具体哪三个项目呢？快速扑克、马拉松数字和马拉松扑克。快速扑克和马拉松扑克记忆的材料是一样的，两者的差别在于快速考核的是极短时间的爆发能力，马拉松考核的是长时间耐力和持久力。这和短跑及马拉松跑步类似，只不过一个考核的是大脑，一个考核的是身体素质。

第一个月达到的水平要求：2 分钟能够记忆一副扑克；马拉松数字，2 分钟记忆 40 个数字，15 分钟记忆 300 个数字；马拉松扑克，25 分钟记忆 5 副扑克。

第二个月的训练重点及目标：

首先先把剩余的 10 套地点桩补上，并且用前面训练的扑克和数字，快速熟记新的地点桩的顺序。

其次增加人名头像，二进制、词语和抽象图形项目的记忆，具体方法在我的《超级脑力训练》一书中已经有非常详细的讲解，可以先看方法再根据一些 app 的材料开始练习。

每个项目的达标要求：人名头像 15 分钟 30 个；随机词语 15 分钟 80 个；30 分钟 500 个；抽象图像 15 分钟两页到三页。

第三个月的训练重点及目标：

第三个月在有时间的情况下可以增加一些记忆宫殿以备后用，当然桩子越多，训练的量也会多。一套地点桩一天内最多重复使用三次，频率太高就容易导致混乱，最好一天两次，上午一次下午一次。

第二个重点新增听记、快速数字和历史年代记忆，听记是用英文报读数字，大概一秒一个数字，这个记忆方法和记忆数字是一样的，只不过一个是听记，一个是看记。前者难度会更高点，听记对专注力的要求极高。另外用英语报读刚开始会有一些不习惯，但是稍加训练就可以快速反应了。快速数字和马拉松数字是相对应的，材料一样，对大脑的考验不一样，一个是短时间最快最多能记忆多少，另外一个是长时间的持久力不允许出错。绝大多数人认为马拉松更难些。历史年代记忆为了保证考试的公平，所有的历史年代都是虚拟的，但是掌握这些虚拟的历史年代记忆方法完全可以套用在学科上相类似的材料中去。

每个项目的达标要求：虚拟历史，5 分钟 40 ～ 50 个；快速数字，5 分钟 120 个；听记，100 秒 / 轮。

总体目标：

以上目标都是基本的及格目标，在最后的冲刺阶段，总体及格目标是 1 小时记忆 1 000 数字，1 小时记忆 10 副扑克，90 秒记忆一副扑克。总分在 3 000 分之上即可。

我参赛时的水平是 1 小时记忆 1 200 个数字，1 小时记忆 13 副扑克，最好的扑克记忆成绩是 45 秒记忆一副扑克。总分在 3 400 分，最后世界赛的成绩是 3 200 分。

训练时间、方案的安排及调整

第一个月是自我摸索阶段，最开始给自己设定的时间非常苛刻，要求早上 5 点起床，然后站桩再训练，这种模式我只持续了不到三天，发现完全不适合自己。因为很少这么早起床，坐在桌前训练时又困又烦，哈欠不断。后来慢慢调整到起床时不痛苦，起床后不哈欠的状态，大概 8 点起床是我最佳的选择。为什么重点说这个？因为我发现很多人都会犯这样的错误，似乎起床早就能说明自己很努力，否则就是浪费时光，其实这是不对的，每个人都有自己的生物钟，找到自己的节奏，在保证身体和大脑状态都良好的状态下才能持续努力，不要去违背基本的生理基础，否则只能自己吃苦头。

这个阶段练习和考试结合。比如扑克，我会先看编码图片大概 10 分钟左右，联结十遍，记忆10遍，每次记忆都会登记使用时间和错误的扑克。前期训练时间比较长，有时候会达到两个小时，剩下一个小时用来训练数字。虽然是马拉松训练，但是在开始阶段也是从40个数字、80个、120个逐步递增着模式训练的。大概一周会进行一次马拉松考核。上午的训练时间一般是9点到13点，有时候到14点，看具体训练状态。大概下午3点30分左右开始练习，下午是考核，考核完了就休息，大概17点左右结束。晚上8点左右熟悉编码，总结训练情况，另外再训练30分钟左右，总体时间控制在45分钟左右。一天的训练时间平均在7小时左右。

第二个月时间安排大致不变，训练方案变成按照考试项目的顺序训练所有项目。由于时间不够，所以马拉松扑克和马拉松数字隔一天考核一次。这样其他项目的训练和考核时间就能得到相对的保证。由于项目增多，几乎从上午到下午都是边练习边考核边记录还有计算分数同步进行的模式。晚上主要挑出白天得分较低的项目进行强化练习，同时调整一些编码和记忆宫殿。

第三个月新增的项目相对不难，因为有前面的项目作为基础，所以越往后训练就越简单。几乎每天都是按照考试的规则进行模拟考试，有点像高三学生冲刺考试一样，每天模拟考试。每天把十个项目严格按照考试顺序进行考核训练，同时把所有的记忆宫殿分配到对应的记忆项目上，固定下来。当然还有调整马拉松项目的记忆策略，统计分数，晚上针对考试分数比较落后的项目强化训练。

关于训练计划及方案的反思和总结

第一点，要学会抓重点。就好比你学英语最主要的目的是和他人交流，那么听和说就是重点，训练的材料和模式就应该围绕着这个目标来进行。

第二点，根据不同的阶段来调整训练的方案。训练方案并非一成不变，一种解决方案未必能解决所有不同时期的问题。这个时候要调动自己的主观能动性，根据目标和时间来调整。

第三点，每天要做到及时总结和调整，同时要刻意拿出一点时间针对弱项进行强化，不要把问题留给明天，留给以后。

第四点，计算目前的成绩、知道当下的水平。距离总目标的差距会让我们做事更有目标感，这个反馈必须从自己身上获取，这是自学能力很重要的一部分。

第五点，学会寻求外界帮助。可选的方案有很多，并不仅仅是要找到老师在身边进行指导。比如，我的训练时间安排既有自己的摸索，也通过书籍和网络信息参考了很多其他人的经验。

相信自己，因为所有的结果都是自己承担

设定一个目标并为此而努力，所有的结果都是自己承担。如果有人鼓励自己，我们要心怀感激，如果有人冷言冷语，先思考他的意见是否值得参考。设定一个目标，为了这个目标，坚定的努力前进，不管结果是好是坏都是人生的一次成长和蜕变。

当我设定目标，在短短三个月的时间要拿下记忆大师时候，很多人都不看好，也觉得可能性不大。一方面已经有此目标的人早早就开始训练了，另外世界上总共获得证书的人当时不超过 200 个，凭什么我就能达到这样的成绩。当然因为自己工作等原因，只能在当年的 10 月 1 日以后才有整段的时间，但是我还是觉得要尝试下，因为没有努力尝试时间也是白白流走。第二，短时间的高目标也许能够让我的记忆水平有一个质的飞跃，就算最后没有成功，不是也有收获吗？

我对《论语》中的“取乎其上，得乎其中；取乎其中，得乎其下；取乎其下，则无所得矣。”印象是非常深刻的，因为它正好契合了我的想法，后来我就把整本论语背诵下来，在一次大脑峰会上和很多记忆高手们一起分享背书

心得，这也是我的另外一个记忆经历了。这不仅仅是一个人做事的心法，同时也是做事的技法。《孙子兵法》也有类似的言语："求其上，得其中；求其中，得其下，求其下，必败。"一个人目标都不敢设定，设定也是选择最低级的，那么说明决心和信心就没有树立起来，连自己这一关都没有过去，怎么可能在接下来的时间面对那么多的困难和不确定性呢？所以《论语》和《孙子兵法》都说"求其下"，只能是无所得或者是失败了。

人生就是一个不断奋力直追、不断超越自己、超越他人的过程。只要不放弃自己，朝着自己变得更优秀的路上前进，哪怕追不上他人也会让自己变得更好，这就是人生。从现在开始，相信自己，变优秀永远不晚。

附　录

曼陀罗卡训练

曼陀罗卡是右脑开发的一种非常重要的工具，最大的特色在于颜色对比强烈，可以刺激大脑，并且能够通过凝视训练大脑的图像清晰和专注力。

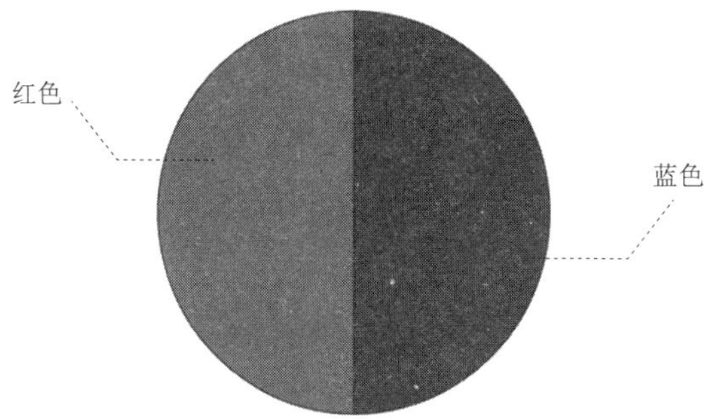

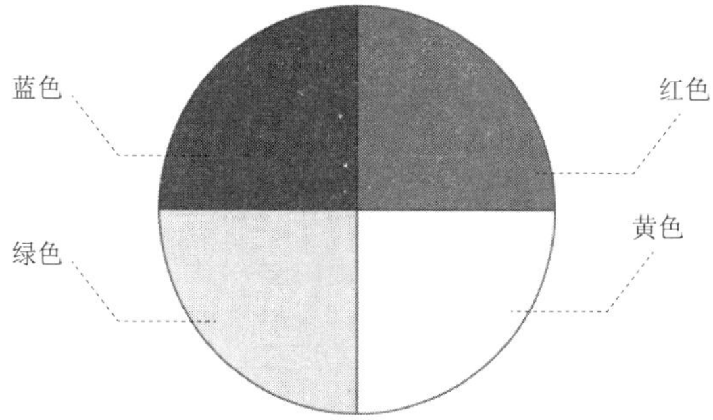

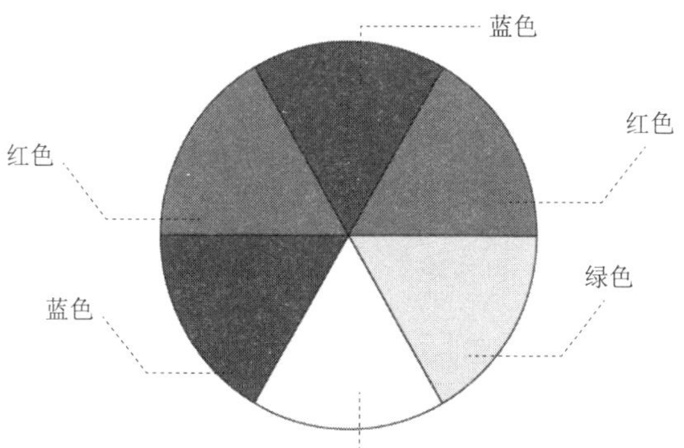

曼陀螺卡训练关键

1. 保持放松连续盯着曼陀罗卡片。

2. 看10~15秒后闭眼，同时暗示自己在闭眼睛时让图像尽可能长时间地停留在眼前，图像消失后可以睁开眼睛。

3. 训练的关键是要持续不断。

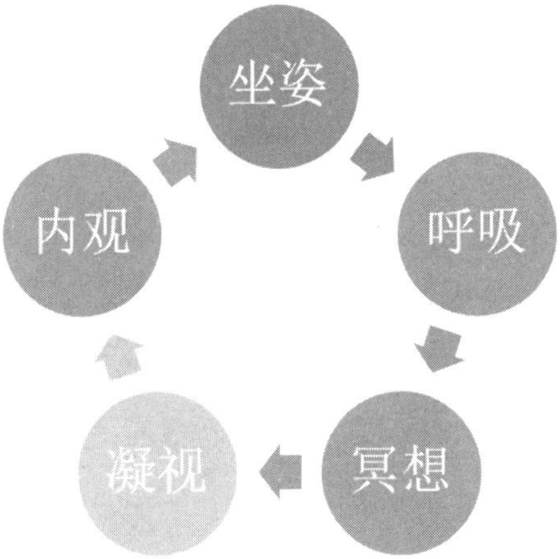

训练步骤

第一步：调整坐姿，身体坐直，双手自然放在大腿上；

第二步：深呼吸，鼻子吸气，嘴巴轻轻吐气；

第三步：冥想，暗示自己保持平和、专注、安静；

第四步：凝视10-15秒，中途尽量不眨眼睛；

第五步：闭眼内观，眼前会出现曼陀罗卡图像，存留时间越长、越清晰越好。